国家出版基金项目
NATIONAL PUBLICATION FOUNDATION

中國先哲人性論

江恒源◎著

山西出版傳媒集團
山西人民出版社

圖書在版編目(CIP)數據

中國先哲人性論 / 江恒源著. -太原： 山西人民出版社，2014.12
(近代名家散佚學術著作叢刊 / 許嘉璐主編)
ISBN 978-7-203-08766-3

Ⅰ. ①中… Ⅱ. ①江… Ⅲ. ①人性論-思想史-研究-中國-古代 Ⅳ. ①B82-061

中國版本圖書館CIP數據核字(2014)第234720號

中國先哲人性論

主　　編　許嘉璐
著　　者　江恒源
責任編輯　梁晉華
助理編辑　張　潔

出 版 者　山西出版傳媒集團·山西人民出版社
地　　址　太原市建設南路21號
郵　　編　030012
發行營銷　0351-4922220　4955996　4956039
　　　　　0351-4922127(傳真)　4956038(郵購)
E-mail　sxskcb@163.com　發行部
　　　　　sxskcb@126.com　總編室
網　　址　www.sxskcb.com

經 銷 者　山西出版傳媒集團·山西人民出版社
承 印 廠　山西出版傳媒集團·山西人民印刷有限責任公司

開　　本　700mm×970mm　1/16
印　　張　18
字　　數　146千字
印　　數　1—3000册
版　　次　2014年12月　第1版
印　　次　2014年12月　第1次印刷
書　　號　ISBN 978-7-203-08766-3
定　　價　45.00圓

《近代名家散佚學術著作叢刊》編委會

出版説明

近代名家散佚學術著作叢刊選取一九四九年以後未再刊行之近代名家學術著作共一百二十册，編例如次：

一、本叢書遴選之著作在相關學術領域具有一定的代表性，在學術研究方向、方法上獨具特色。

二、爲避免重新排印時出錯，本叢書原本原貌影印出版。影印之底本皆經專家組審定，原書字體大小，排版格式均未做大的改變，原書之序言、附注皆予保留。

三、本叢書分爲八大類，以作者生卒年編次。

四、爲使叢書體例一致，本叢書前言後記均采用繁體字排版。

五、個別頁碼較少的版本，爲方便裝幀和閱讀，進行了合訂。

六、少數學術著作原書内容有個别破損之處，編者以不改變版本内容爲前提，部分進行修補，難以修復之處保留缺損原狀。

七、原版書中個別錯訛之處，皆照原樣影印，未做修改。

八、所選版本之抽印本頁碼標注，起始至所終頁碼均照原樣影印，未重新編排標注新頁碼。

由於叢書規模較大，不足之處，殷切期待方家指正。

總序／

披沙瀝金，以爲鏡鑒

◇許嘉璐

多年來有一個問題始終在我腦中盤桓：爲什麽在十九世紀末到二十世紀初，在短短的幾十年裏，中國的各個學術領域竟涌現了那麽多大師級的人物？這是中國近代史上一個極爲重要的現象，我認爲，如果不能給出令人滿意的答案，我們撰寫的近代學術史將是不完整的，甚至是缺乏靈魂的。後來我知道，著名人類學家克羅伯曾提出過一個問題：爲什麽天才成群地來？看來這種現象的出現並非中國所獨有，思考其所以然的也大有人在。而在那一次世紀之交中國的情況，似乎應驗了「天才成群地來」這個令克氏久久不解的疑問。錢學森先生曾從相反的方向提出了相同的疑問：爲什麽我們這個時代出現不了杰出人才？後來人們稱這個問題爲「錢學森之謎」。

要回答這些疑問不是件容易的事。與其迅速地囫圇地探尋，不如先多了解那些讓中國近代學術（應該包括人文科學和自然科學）史上閃耀着光輝的大師們的作品和自述，從而在腦海里盡量「復原」他們所處的環境和在那種環境下的心理路徑，從中或許可以得到一些啓示。

有一點是顯然的，這就是他們雖然都已遠離塵世而去，但是他們獨立思考的品性、求知治學的真誠、困厄窮愁中對節操的堅守，恐怕是他們共同的主觀因素，一直影響到現在，而且將會永遠留存下去。

就思想界、學術界而言，二十世紀上半葉是一個新説和舊説碰撞，中學和西學融匯的大時代。那時的學人極爲重視言行操守，同時具備現代知識分子的理想信念；他們的學術研究十分純凈，絶少功利因素；他們的視界開闊，以包容的心態和嚴謹的風格造就了成果的大氣與厚重。至於在客觀因素一面，他們實際是在用工業化時代的事實解説着太史公所説的名山之作「大抵聖賢發憤之所爲作」，困厄苦難使得他們「皆意有所鬱結」。這種鬱結，幾乎和個人的名利毫無牽涉，他們永遠不能釋懷的，是民族的存亡、國運的興衰、民衆的福禍和文脈的續斷。

那個時代也是近代歷史上最大規模的中西古今學術調適、創新的時期，學術方法上的交互滲透和融合、創新亦可謂「於斯爲盛」。斯時之學人是要在封閉的屋墻上鑿出窗子的勇士，是使人能够看看外部世界的第一批導夫先路者；或者可以説，他們是在「意有所鬱結」時「彷徨」和「吶喊」的「狂人」。

相對於那時的哲人們，後來者是幸運兒。現在的形勢是，近三十年來學界空前繁榮，衆多學科有了長足之進，其中很重要的一點是學界有了更新穎、更廣闊的國際視野，似乎接續上了百年前的學壇盛事。但細想想，「古」與「今」還是有差别的。其异，主要不在於世界情勢、學術進展、工具改善這些客觀存在，而在於在廣泛吸收各國優長的同時，自身文化的主體性越來越受到重視，換言之，「拿來主義」已經延長了「拿來」的程序，加上了試用、甄别、篩選、吸收、融合、成長。就我孤陋所見，在當今地球上，面向所有異質文明，努力汲取我之所缺，其範圍之大和心態之切，似乎無出中國之右者。從這個角度説，我們已經超越了前輩。但是事情還有另外一面，學術，特别是人文學科，其職業化、「沙龍化」和功利性，以及隨之而來的浮躁病却嚴重了。從這個角度説，是不是我們已經後退得够可以的了？而這是不是我們這個時代出不了大師的原因之一呢？

民國學術界的特點之一是極爲注重對傳統的反省、批判與繼承。他們對傳統文化盡最大的努力進行整理和研究。一方面，由於戰亂頻仍，民不聊生，學者們擔起了讓中華文化薪火相傳的歷史責任；另一方面，他們要通過對中國傳統文化的整理、挖掘來重振民族自信心。這一時期對傳統文化進行整理的全面而深入是前所未有的，舉凡文字學、語言學、經濟學、法學、哲學、政治制度、書法繪畫、金石學……規模之宏大，研究之精微，令人嘆爲觀止。

民國學術推動了現代學科體系的建立。在對傳統文化整理和研究的基礎上，吸收西方的文化思想和理念，推動和建立了中國現代學科體系。例如，在對語言文字和音韻學成果進行整理、研究的基礎上開始着手規範之，建立了國語學；深入研究書法、國畫，將其融入了現代美術學科；在廢除舊有學制後逐步建立起小、中、大學較完整的科目和學科體系。

民國學術也改變了傳統學術方式，建立了新的研究範式。以現代科學考古爲發端，科研的實踐和成果使中國知識界真正認識到在實驗、比較基礎上的邏輯分析對學術研究的重要，推進了中國學術的一大演變。至於我們常説的打破士大夫傳統、走出書齋到田野鄉村和市民中進行調查研究、結束了經學時代、以歷史眼光檢視儒學和諸子等等，都是確立新學術範式的努力。這一轉變，也標誌着中國學術界脱胎换骨，全面進入了現代，爲此後的學術發展奠定了堅實的基礎。當然，西方啓蒙運動以來，在「現代性」和「現代化」裏潛伏着的缺陷和謬誤也傳到了中國，這些不能不在前哲的著作裏留下痕迹。這並不奇怪。類似的情況，古往今來孰能免之？猶如今天的我們，誰敢自稱我之所見就是永恒的真理？在這個問題上兩個時代所異者，或許就在昔時大家創立新説或譯註西學著作，往往是懷着對學術和前哲的敬畏而爲之，故而常常誤不在我；當今則往往出於對學問和他人的輕蔑，或以所研究的對象爲謀己的工具，因而難辭主觀之咎吧。翻閲他們的心血之作，這些復雜的狀況可以顯見，可以視之爲我們的一面鏡子。

滄海桑田，世事變幻，歷史的動盪和時代的遮蔽，使當年許多大師的一些極有價值的學術著作被棄於故紙堆中，不能不令人有遺珠之憾。爲此，山西人民出版社不惜以數年之艱辛，披沙瀝金，編輯出版這套近代名家散佚學術著作叢刊，凡一百二十册，計文學、史學、政治與法律、美學與文藝理論、民族風俗、宗教與哲學、經濟、語言文獻共八大類別。所選皆爲作者之純學術著作，無論是其見解、精神，抑或是其時代烙印，都是後輩學人可資借鑒的寶貴財富。他們出版這套叢書，意在讓世人不忘來程，知篳路藍縷之不易，爲民族文化的傳承再增薪木。

出版社的初衷，與我近年來所思所慮近似，故願略述淺見於書端，以與策劃者、編輯者和讀者共勉。

二〇一四年七月六日

改定於自安東回京途中

前言

◇王紹培

近代名家散佚學術著作叢刊是一項重大的學術工程，我接到寫這個序言的指令，誠惶誠恐多日，端的是藐予小子，何敢贊一言。

但我亦深知這是一個重温先賢大哲杰出思想成就的寶貴機會。果然，十余部宗教哲學類著述電子版到手，翻閱起來，雖然難免諸多不便，但静心瀏覽，不能不生感慨良多。這批著作全部都在民國期間出版。最早的一本是梁漱溟的究元决疑論，是商務印書館一九二三年出版的。其餘的大部分都出版在二十世紀三十年代的抗戰爆發之前。想想看，彼何時也，政局動盪不已，軍閥混戰不休，而民不聊生，但學術活動仍然頑强掙扎，開展得如火如荼，且學術質量之高，令人驚訝。

所謂學術質量之高亦不是我輩來信口雌黄。事實上，對於這些前輩學人及其成就，學界早有定評。例如，梁啓超（一八七三年—一九二九年）被公認是清朝最優秀的學者，是一位百科全書式的人物。最難以想象的是在他五十六年的短暫生命中，既積極投身從事大量的政治活動和社會活動，又能在哲學、文學、史學、經學、法學、倫理學、宗教學等領域均有建樹，這是怎麽做到的？曾經看見一則逸聞，説梁啓超每天必打八圈麻將，寫八千字文章，他不少文章是邊打麻將邊口授的，簡直神乎其技了，但不知道真假。本叢書收録的梁啓超的中國學術思想變遷史（商務印書館一九二六年出版）被學人贊許之爲「中國學術史上的垂範之作」。梁啓超在經過革命失敗的過程之後，痛定思痛，得出的教訓是要高度重視學術思想，他説：「學術思想之在一國，猶人之有精神也，而政事，法律，風俗，及歷史上種種之現象，則其形質也。」梁啓超認爲，有新學術思想，就會有新國民，有新國民，就會有新國家新世界。從梁啓超的論述可知，他對哥白尼、培根、笛卡爾、孟德斯鳩、盧梭、富蘭克林、瓦特、亞當·斯密、達爾文等等思想家瞭如指掌。他極爲看重思想言論自由，他認爲「春秋末及戰國」爲中國學術思想的「全盛時代」，而追溯所以致盛的原因，「思想言論之自由」爲其中一個重要的方面。其餘諸多因素，除了「由於蘊蓄之宏富也」與歷史積累有關，其他「社會之變遷也」、「交通之頻繁也」、「人材之見重也」、「文字之趨簡也」、「講學之風盛也」，也都跟社會自由有很大的關聯。現在的年輕人有時或者會覺得清末民初的人物都是老古董，但看看梁啓超就知道，他的思想之新鋭先鋒不在現在很多人之下。正因爲梁啓超把學術思想看得如此之重，因此，該書欲總結中國固有學術思想之得失，以西方文化參補之，從而恢復上古與中古時代「我中華第一也」的學術「最高尚最榮譽之位置，而更執牛耳於全世界之學術思想界」。百年之後，看見這樣的雄心壯志，真是讓人唏噓不已。

再如錢基博先生。現在的讀者如果知道錢基博大概多是因爲錢鍾書的緣故，但錢基博先生本身就是碩學鴻儒，父子同爲大師，此等情形較爲罕見。四書解題及其讀法（商務印書館一九三一年出版）亦是錢基博的代表作之一。四書是儒家傳道授業的基本教材，亦是儒學的重要原典。錢基博説他在四十歲時遇見梁啓超，梁啓超送他一本要籍解題及其讀法，他有不同看法，於是成就四書解題及其讀法一書。錢基博的四書解題，回到朱熹的「大語孟中」的次序，所謂「不先乎大學，則無以提綱挈領，而盡語孟之精微；不參之論孟，則無以融會貫通，而極中庸之指趣」。或則，「先讀大學，以立其規模，次及語孟，以盡其蘊奧，而後會其歸於中庸；蓋以爲學之程序，而第其書之先後也」。衆所周知的是，錢基博不是那種關門閉户死讀書的腐儒，而是心憂天下的君子。就在該書的序言裏，他亦不忘表露初衷：「今四十歲，飽更世患，民治革政，共而不和，争民施奪之既久，寖尋以至今日，又見有專無制，哀哉耗已！末法披昌，人將相食！窮則反本，紬温故書，然後知聖人憂世之情深，仁民之道大也！繕寫既定，而爲考鏡原流，發明指意，於文章典籍之中，得其辨名正物之意，庶幾尼山正名之意云爾！」在錢基博這樣的學人眼裏，做學問跟憂世仁民大有關聯。

這些學者當中，無疑以梁漱溟（一八九三年—一九八八年）的世俗名氣爲最大，在現當代中國歷史上，梁漱溟是一位罕見的絶不阿世媚俗的有風骨的文人。梁漱溟自謂：「我自十四歲進入中學之後，便有一股向上之心驅使我在兩個問題上追求不已：一是人生問題，即人活着爲了什麽，二是社會問題亦即中國問題，中國向何處去……總論我一生八十餘年（指十四歲以後）的主要精力心機，無非都用在這兩個問題上。」梁漱溟曾經兩度自殺，可見其苦悶至深。一九一六年，二十三歲的梁漱溟即寫成究元決疑論，在東方雜誌連載，引起轟動。正因爲是書，二十四歲的梁漱溟被蔡元培校長延聘，進入北大教授印度哲學。關於究元決疑論之緣起，梁漱溟説：「於爾所時，舊執既失，勝義未獲；憂惶煩惱，不得自拔。或生邪思邪見；或縱浪淫樂；或成狂易；或取自經。如此者非財寶事物之所得解，唯法得解……所謂佛學如實論與佛學方便論之二部，前者將以究宣元真，今命之曰『究元第一』；後者將以決行止之疑，今命曰『決疑第二』。世之所急，常在決疑，又智力劣故，不任究元，以是避諱玄談，得少爲足。且不論其所得爲似爲非。究理而先自畫，如何得契宇宙之真？不異於立説之前，自暴其不足爲據。欲得決疑，要先究元。」所謂「究元」，亦即「佛學如實論」，探討宇宙本體問題，揭示佛法的核心教義乃爲「無性」，「無性」亦即「無自性」，世間萬事萬物皆是因緣和合，並無自體自性，如斯則從根本意義上省悟宇宙人生之真相。所謂「決疑」，亦即「佛學方便論」，討論現象界的問題，以究元所得的佛法宇宙人生真諦來認識和指導現實的社會人生。「究元」是佛教立場的本體論，「決疑」是建基於佛教之上的人生觀。欲得決疑必先究元；先解決本體問題，則人生問題就好順勢而爲。值得一説的是，五四時期，中國學術界跟國際社會基本接軌，信息傳遞大體同步。例如，古斯塔夫·勒龐（彼時譯爲魯滂）的各種學説都被悉數譯介，如新物質論甫一翻譯，即被梁漱溟消化，以茲與佛家性空學説參觀對照，按照勒龐的説法，以太是宇宙的本體，以太的「渦動」即爲物質，「渦動」停止物質消滅的過程中派生各種「力」，「力」是同一物的不同形式。梁漱溟認爲以太跟佛家的如來藏或阿賴耶相類似，「渦動」相當於忽然念起，「此渦動便是無明」。除此之外，梁漱溟對各種西方哲學瞭如指掌，例如，他以康德的現象與「物如」（物自體）之分，休謨的不可知論，來印證佛家元哲學之三義：「不可思議義，自然(Nature)軌則不可得義，德行(Moral)軌則不可得義。」復以叔本華的盲目衝動和意欲之説，柏格森的生命哲學來論證「人生基本是苦」的結論，唯有以佛法爲精神支柱，方能安穩自我，清静自守。

相對來説，馮承鈞先生（一八八七年—一九四六年）鮮爲人知。馮承鈞早年留學比利時，後赴法國巴黎大學，主修法律。一九一一年獲索邦大學法學士學位。續入法蘭西學院師從漢學家伯希和。馮承鈞歸國後，曾任北京大學歷史系教授、北京師範大學歷史系教授。馮通曉法文、英文、比利時文、梵文、蒙古文、阿拉伯文、波斯文，兼及古回鶻語、吐火羅語和蒙語八思巴字，並精通中國史籍，在歷史學、歷史地理學、歷史語言學和考古學等方面都有較深的造詣，在史地研究考證方面卓然成家。馮承鈞畢生研究中外交通史和邊疆史，著譯既多且精，是民國時代重要的中外交通史家。馮承鈞從金石書畫以及方誌内裒集了元代的白話聖旨碑，成爲一書，此即元代白話碑，概述元朝白話碑文的歷史背景，並對於元代白話語法加以研究討論。關於歷代求法翻經録，馮承鈞在其叙言中説：「求法傳經二事之重要，已爲西方學者所共知……第此種史料，多散見於釋藏傳記譜録之中。初學不易尋檢。余不敏特爲鳩集舊文，參以新證，凡關於求法翻經之事，皆撮録其要……彙爲一編，名曰求法翻經録。」由此可知，該書是一本資料薈萃之編。

另有兩位不大爲後人所知的學者。一位是江恒源（一八八五年—一九六一年）。江恒源是一位教育家，他的中國先哲人性論是作者一九二四年用八十天的時間寫成的專著，將先秦到明清之際的諸多先哲跟人性有關的觀點、思想娓娓道來。作者認爲，總體來説，中國哲學的起源，和歐洲有點不同。歐洲哲學以「求知」爲出發點，中國哲學以「利行」爲出發點。歐洲人説「哲學起於驚異」，而中國哲學一切以現實認識爲根據……這幾句話要言不煩，道破中西哲學之差異。另一位是熊㝱（一九〇二年—一九八三年）。一九三一年，熊㝱留學美國華盛頓州立大學，獲經濟學博士學位，回國後任國民黨中央政治會議經濟組專門委員。一九三九年出任沅陵税務局局長。一九四〇年冬掛冠歸里，應聘爲三民中學教務主任。熊㝱一生著述頗豐，著有墨子經濟思想史、晚周諸子經濟思想史、江西省財政概況、湖南省財政概況等。其中，晚周諸子經濟思想史算得上是中國經濟史的奠基之作之一。該書綜述道儒法墨四家的經濟思想，同時對百家思想多有論略。

另外三位先生，湯用彤（一八九三年—一九六四年）、朱謙之（一八九九年—一九七二年）、蔡尚思（一九〇五年—二〇〇八年），知名度不大不小，但其實都是極具分量的重要學者。一般認爲，湯用彤是現代中國學術史上少數幾位能會通中西、接通華梵、熔鑄古今的國學大師之一。他的竺道生與涅槃學是其重要的學術著作之一。竺道生是東晉時期的著名高僧，是鳩摩羅什的弟子。竺道生認爲那些斷了善根的人也可以成佛，他又主張頓悟成佛，這些都不是主流的觀點。竺道生是東晉最著名的涅槃學者，他把作爲精緻哲學形態的般若學和粗俗的成佛説教結合起來，着重闡發涅槃佛性説，認爲「真空妙有」契合無間，開創佛教一代新風，因此被尊爲「涅槃聖」。朱謙之是二十世紀著名歷史學家、哲學家和東方學家，亦有「百科全書式學者」的美譽。他年輕時曾經短暫出家爲僧，後來發現，佛教不能實現自己的夙願，因此跟佛門斷絕關係。他主張宇宙人生是一股真情之流。他的中國思想對於歐洲文化之影響（一九四〇年出版）一書的寫作，歷時五年，他自認爲是「最細心結撰的一部著作」。朱先生認爲，東西文化各有其自身的歷史特徵，但是，這並不妨礙它們同時通過各種途徑接受、吸納對方的影響。在十七至十八世紀，中國哲學文化給予歐洲思想界的影響歷歷可數。在十六至十七世紀則以來華的耶穌會士爲媒介，中國哲學文化特别是孔子哲學被廣泛譯介到歐洲大陸，成爲歐洲理性時代來臨的外來思想條件。東西文化的相互影響、接觸，給世界文明帶來了强大的推動力。朱謙之先生的這部重要的著作，對於研究中西方文化史的後來學者，仍然是一座繞不過去的學術高峰。蔡尚思先生是哲學家，亦是中國思想史專家。他出版中國三大思想之比觀一書時是二十八歲，寫成則是二十四歲，而在此前的二十一歲時，他就寫成了研究孔子哲學、老子哲學和墨子哲學的專著。所謂中國三大思想，指的是老孔墨三家。蔡尚思先生將三家思想的方方面面比較對照，細緻而又周全。例如，他認爲老子是藝術的，墨子是功利的，孔子則介乎兩者之間；老子以死天爲主，活人法死天，無爲自然；孔子以天鬼爲名，以君王爲實，視天子嚴君如天帝鬼神；墨子以活天爲主，視死天如活人，兼愛交利……這些比較十分具體，發人深省，後之學者反而不做如此細緻的功夫了。

即使是非常粗略地瀏覽民國學人的著述，也不難發現一點，這些學者何以在年紀輕輕時就已經開始著書立説，而且水準頗高？我們站在新中國的立場回望，覺得彼時天地之舊，但如果他們站在辛亥革命之後前瞻，或許看見的全是風物之新。因此，當時的人或者滿是志氣，要在新天地有所作爲。及至戰亂迭起，他們更是堅定了文化返本開新的決心。從教育的角度來説，當時的精英教育使能够接受教育的人都是英才，而這些教育英才的人和英才自己也都非常珍惜機會，所以成才率顯然比今天高。中外學術思想交流的順利和及時，也是民國學術思想繁榮的一個原因。我們看梁漱溟等人的書，不難發現他們對國外各種思想潮流都瞭如指掌，各家各派的學説都被拿來爲我所用。當然，學術思想的相當自由也保證了這些學者在著書立説時，較少外部顧慮，一心把書寫成、把文章做好就對了。這些其實遠遠不算完美的局面，仍然因爲日本人的侵略而被打斷，内戰的影響也顯而易見。及至新中國建立，學術範式、語言、議題、旨趣等等完全轉型，一個時代就這樣結束了。

因此，今天我們重温民國學人的思想，除了瞻仰他們曾經到達的思想高度之外，也是順便看看，學術思想在一種相對自然而正常的情況下，可以呈現出一種怎樣的風貌，結出怎樣的碩果，而於我們中國人會有怎樣的信心跟鼓勵。值得慶幸的是，二十世紀八十年代開始，我們又回到了一個總體來説學人可以有所作爲的環境中，至於新世紀的學人可以取得怎樣的成就，在很大程度要看個人自己的努力和争取了。

作者簡介

江恒源（一八八五年—一九六一年），字問漁，號蘊愚，别號補齋，江蘇省灌雲縣板浦鎮人。職業教育家，中華職業教育社原副理事長，中華職業學校原校長，中央人民政府政務院文化教育委員會原委員，上海市人民委員會原委員，上海市文史館原館務委員。主要著作有倫理學概論、中國先哲人性論、中國詩學大綱、中國文字學大意、農村改進的理論與實際、補齋詩存、中國文字學等。

中國先哲人性論

目錄

第二篇

第三篇

第四篇

第五篇

結論

〔附註〕這一篇小小的研究錄，是我在民國十三年夏假中，費八十天工夫把他寫成的。寫成之後，承同學友王君公瑀張君馨舫楊君廉波一再爲我校繕，我真是十分感激他們。

中國先哲人性論

導言

談心論性，原屬於心理學所研究的範圍。記得行爲派的心理學家郭任遠先生曾經說過：『凡沒有在心理學實驗室做過幾年實驗的工夫的人，都沒有做文章談心理學的資格。』又說：『我們……不是和杜威羅素柏格森等這班空想家的心理學一樣，用一枝筆和幾張紙，就可以談『心』說『性』的……。』（均見郭著人類的行爲的序文）如照這樣說法，不是一個『行爲派心理學家』就不配研究『性』的問題。那末，我自愧對於心理學，無精深的研究，我這篇文字也就可以不必多費心再望下寫了。

可是，我於行爲派心理學，雖沒有精深的研究，卻關於心理學上的普通常識，還能略知一二。也並且感覺着昔時中國哲學家所有論心談性的學說，皆未能依據心理學的方法，作實際的研究。大抵古代所謂心理學上所應研究的問題，皆列入哲學範圍；不但中國如此，就是希臘，印度也無不如此。心理學漸漸脫離哲學的羈絆，能獨立起來組成一科的系統，本是後來的事。若是把心理學當做純粹自然科學一樣看待，所用研究的方法，和研究生物學一樣，那更是最近的事了。人類知識發展學術逐漸進步在歷史上一切經過的陳迹，皆可以明明白白，令我們看得出來。

古人有古人的環境，古人有古人的知能，在古人所下的一切觀察，研究，論斷，自然要受他的環境和知能所支配所限制。我們生在千百年後，論述千百年以前人的學說，似乎不能一筆抹煞，竟認定他是無一毫價値的廢物。須知後人的成功，皆是由於前人的失敗；後人的精詳，皆是由於前人的殘缺。『後之視今，亦猶今之視昔』世界大地本是一個前後比較競爭的廣場；人類知識，本是一個推演進化不斷的長流。用哲學方法，去論心說性，自然是不對；然若不經過空想的演繹的論究，又何能產生『科學的心理學』出來呢？沒有『構造的心理學』和『機能的心理學』的經過，又何能產生『行爲的心理學』出來呢？今日行爲派的心理學研究人類的心性，總算是十分有把握了；然而就能說定以後沒有再比行爲派好的方法好的學派出來麼？孔子僅有『性相近』等數語，自然不及孟子告子荀子討論的精審。孟子『性善』之說，經過宋淸諸儒一番研究，自然格外詳密；而朱子比較周邵張程，則更覺進步。顏元戴震比較朱子，又覺進步。蘇格拉底(Socrats)及柏拉圖(Plato)的論心，自然不同於希臘古代安納式古爾士(Anaxagoras)及姆爾都克爾士(Empedocles)；而亞里司多得 (Aristotle) 則又比蘇柏兩氏爲詳。到了洛克 (John Locke) 和休謨(David Hume)出來，就有了『構造的心理學』的端倪。自生理學醫學進步，研究心理，乃一變空想的方法而改用實驗。自生物學進步，乃知人類的行爲和其他動物根本無異，所謂身心二元說，既不能成立，於是恍然知道心理研究，不能只以研究『意識』爲惟一的職務。至是『機能的心理學』和『行爲的心理學』乃得漸次成立。印度學者在一千五百年以前，關於論述心理之學，已極精密，雖不免流於演繹推論或臆斷；但其觀察分析，漸次入微，至今猶令人驚嘆不置。惜乎無客觀的科學方法，以爲之助，嗣後乃不免於衰微中斷。要其逐漸發展，當然不是一朝一夕之故，這是可以斷言。以上所說，是證明學術發達，皆由於逐漸演進的道理；前人造其因，後人收其果，前人發其端，後人大其緒，大概是無容致疑的一件事罷！

照理說，今日要把『性』的問題，研究出一種定論，自當掃盡陳言，獨標新義，悉依『行爲派心理學』所論究的根據，不必顧及前人所說的如何。但是我很慚愧沒有這種學力，實在是不配說這一句說，那末只好讓諸時賢了。

卻是，我自幼讀論語孟子等書，關於論『性』的地方，就覺心內起了一種懷疑，總想把他解釋明白。及年稍長，略治科學，兼及周秦漢諸子宋明清儒家學說，疑益滋甚。後復稍讀教育及哲學等書，更覺『性』這樣東西，關係人類教育的方法，和行爲的趨勢，均極重要；總想把他理出一個較清晰的頭緒出來。惟自愧學識有限，不敢輕易入手；但偶有所觸，心內輙起研究的動機。年來因講授『倫理學』愈覺這一個問題，關係重大，不能不冒昧去研究一番。

我這種研究，大部分仍然是脫不了歷史的敍述，那裏說得上有什麼學理在內；勉强說起來，也不過是一篇不成系統的『讀書雜志』罷了！有時自家憑着一點意見，卻也加上些須論斷，似乎可算一種假說；但總是不敢自信，亦所謂『姑妄言之』而已。況且就是依着歷史敍述，也應該分做三大支：一支是屬於中國方面，上起周易尙書，下迄近代章太炎。一支是屬於印度方面，凡屬佛學所論的一切關於心性問題，都應該在論述之列。一支是屬於歐美，上起希臘學者之論心靈，下而至於最新心理學，皆須分別列舉。但是我真抱歉的很，佛學素未研究，簡直說得是一個『大門外漢』；對於西洋的心理學研究的程度極淺，那裏敢放言高論呢？所以這一篇不成系統的『讀書雜誌』，其範圍所及，僅在中土，到了末篇，才稍稍參加近代心理學的見解，以資論證！昔英儒倍根（F. Bacon）曾把學問分出三種性質：（一）專去搜集材料的，叫做『螞蟻的學問』。（二）材料能入研究的範圍，就收納他，叫做『蜘蛛的學問』。若是採集精華，製成新材料，就叫做『蜜蜂的學問』。我這篇『性的研究』究竟屬那一種呢？採花釀蜜的蜂兒，我是萬萬够不上，蜘蛛兒剪裁量取，具見匠心，又豈容易？現在也不過是做一個螞蟻兒儲蓄的工夫罷了！

中國先哲人性論

第一篇

本篇共分五節，係在未爲歷史的敘述以前先作一個概論。

(一)

『性』的問題，在中國發生最早。就他字的構造上看，是从心生，照許慎說文解字上講，認他爲『形聲字，』所謂『从心，生聲，』其實『生』字不僅是取聲，還有意義在內；蓋當古人造字之時，已經體會到生活和心靈兩相關聯的意思。至於真正認他在人生哲學上發生問題而加以討論的，恐怕還是在周代以後。據古書所載，我們認爲比較可信的，不能不說世碩是第一個研究性的人。(又左傳引劉康公的話，亦可作爲論性的發端。) 王充論衡本性篇上說：

周人世碩以爲人性有善有惡，舉人之善性，養而致之則善長；惡性養而致之，則惡長。如此則性各有陰陽，善惡在所養焉。

至孔子有『性相近，習相遠』之說，有『上智下愚不移』之說，均見於論語。此外孔子弟子若宓子賤漆雕開公孫尼子對於性的問題，亦皆有所討論。但是能卓然成一家言，把這個『人性問題』作一番精密討論的，還是要首推戰國時孟子告子荀子三大派。蓋在孟告荀以前，大都爲零星的解說，少精密的觀察，所以要說起『性學史』來，似乎應該以戰國爲始。

我們要知道何以到了東周戰國以後，性的問題研究，就特別發達起來呢？固然是因爲學術發展，大啟私家著述，自由研究之風；而儒家以教育爲人生重要事業，淑人淑世，皆以教育爲最要工具；工具所施，自然以人性爲對象；是以不能不把人性的善惡問題，從根本上討論一番；此自是主要的原因。還有一層，當時所謂教育家的儒家，又沒有一個不是好談政治的，談政治也是爲着淑人淑世。照今日學術界最新最高的眼光看政治這樣東西，究竟能不能達到淑人淑世的目的，固然是一個問題；但在教育家而兼政治家的儒者，總是主張政治和教育是一樣重要的。既要注重政治，自然不能不顧到性的問題。這也是

主要原因之一

性的問題，在當時本屬哲學問題，並且屬於人生哲學問題範圍。因爲討論性善性惡和教育政治的出發點，均有特別關係，也就和人生實現生活，有直接關係。既與宇宙本體無干，更不含有什麼神祕的意味在內，實在是一個極樸素的人生哲學問題。於此我們論到中國哲學的起源，也就不能不承認梁任公先生的話有相當的理由了。梁先生說：

原來中國哲學的起原，和歐洲有點不同；歐洲哲學，以『求知』爲出發點；中國哲學，以『利行』爲出發點。歐洲人說：『哲學起於驚異，』這話對於他們的老祖宗的希臘人，怕是對的。希臘人生在風景極佳的海邊，養成愛美好奇的性質，一切學術思想，都從『驚奇』的一念孕育出來。『宇宙萬有，從那裏來呢？』『有他實在的本體沒有？』『若有，是怎樣一件東西？』『主宰宇宙的神，有沒有？』…………諸如此類，是他們哲學上的問題。所以生出來派別，是『宇宙一元或多元，』『萬有唯物或唯心，』『有神，無神，一神，多神』等等。這些事項，都是和現實的人生距離很遠，爲他們驚奇的智識所驅，一步一步向前追求。中國文化，起自大平原，向極現實極平常的方面發展；一切思想，都以現實人生爲根據，所謂『本諸身徵諸庶民』者便是。所以他們那些問題，我們都沒有。我們哲學史上發生最早而爭辯最烈的，就是『人性』問題。詳細點說是『性善，』『性惡，』『性無善無惡，』『性有善有惡』的問題。這個問題，是一切教育一切政治之總出發點，因爲有性善性惡主張的歧異，教育方針，當然各各不同，而一切社會組織政治設施之根本觀念，都隨而移動。這個問題，和實現生活之直接關係，如此其深切，所以無論何派哲學都來參加討論。（東原哲學）

他又說：

性的問題，爲什麼會這樣的糾紛複雜呢？因爲人類生活，包含精神物質兩方面，這兩方面常常發現出矛盾現象。在許多人類裏頭，好的人壞的人品類千差萬別；卽以一個人而論，好的事，壞的事，或先後雜做，或同時並做。這種現象所以然之故，我們的哲學家，都要在『性』上頭找一個交代。…………（同上）

這樣說法，却不是梁先生一人的私言，就是歐洲人研究過東方哲學的，亦復如此說，北京大學教授德人衞禮賢先生曾經說過：

西洋古代哲學，是由遠及近，先討論宇宙自然，然後再說到人生。中國哲學，是由近及遠，先從人事起，然後再論到宇宙。……（衞氏在北大講演東西文化哲學的異同）

不過說到這個地方，一定要有人發生疑問，以爲：如那一部易經，古今學者，都承認他是最古講哲學的書；難道他所講的，不是宇宙問題嗎？可是，說到這個問題，那糾紛就多了。我自愧學力太淺薄，對於中國最可寶貴的一部易經，沒有用下許多工夫去研究，不配大膽來談玄理。但是本着極粗淺的眼光看一看，易經所講的，可能和歐洲『一元』或『多元』的宇宙論『唯心』或『唯物』的本體論，一個樣子麽？並不是我自己故意菲薄古人，自低聲價，實在是我始終持着懷疑態度。固然不能像錢玄同先生那樣『目無餘子』，拿特殊的見解來批評，（錢先生說易經是古代講生殖器的書，曾有文載入努力週刊，）可是也不能隨隨便便，就說定他是高深玄妙不可測度的哲學。依我個人的淺見推想起來：這一部不可思議的妙書，恐怕一半是古代相傳下來的神話，一半是後人加上去徵象比喻的解說。最初拿他來作卜筮之用，後來再就他所說的話，推演到一切人事。於是就把宇宙和人生合而爲一個了。表面上是天人合一，實際上可以隨人以意詮解，以意附會，任憑向那一方面去說，皆能成功一種奧妙不可測的妙理，令人讀起來覺得他是在可解不可解之間；以爲玄理的價值，就是在這一點。後來宋儒講性，因爲易經內有關於『性』的幾段說法，於是就把他緊緊捉住，不再放鬆，硬說人性和天象相通，一經套入玄奧理窟之中，遂致鬧得烏烟瘴氣。其實孟子告子荀子的講性，何嘗是這個樣子呢？（孟子雖有知性知天的話，却不含有神祕的意味。）就是孔子所謂『性相近習相遠，』又何嘗拿現實的人比那高遠的天呢？但是因爲子貢有一句『夫子性與天道，不可得而聞』的話，那末，又被宋儒抓住了，因此就高談天人，特創出一種『性命』之學，以爲必如此乃可以上接堯舜禹湯文武周孔的道統，這眞是更令人『莫名其妙』了。

總而言之：我們認定性這樣東西，是附着於人體的，是關於人事的，萬萬不能把他裝入玄學的迷套之中，戴上一頂天人合一的帽子，使他亘古不能抬頭。在古代有『性』的問題，實在是爲着實際人生問題而起，東周已啓其端，戰國益張其緒。我們更可以斷定說：正式討論性的問題的，當以孟告荀三子爲始。

（二）

在戰國孟告荀三派論性以前，凡在古籍中說到『性』字的，我們可以把他分作三類。

第一類——是絕不關於性的研究。

第二類——是對於性略帶一點解釋作用。

第三類——是對於性略含一點討論的工夫。

先說第一類，其見於書的：

故天棄我，不有康食，不虞『天性』，不迪率典。（商書西伯戡黎）

『節性』惟日其邁。（周書召誥）

所謂『天性』大約在當時已成了一種結合的熟語。所謂『節性』，是知道對於『性』要加上一種節制作用。這是專切於人事方面說的。其見於易的：

大哉乾元，萬物資始，乃統天。雲行雨施，品物流行，乾道變化，各正『性命』。大明始終，六位始成，時乘六龍以御天。（乾卦彖辭）

乾元者，始而亨者也；利貞者，『性情』也。一陰一陽之謂道，繼之者善也，成之者『性』

也。仁者見之謂之仁;知者見之謂之知。(繫辭)

成『性』存存,道義之門。(繫辭)

……窮理『盡性』以至於命。(說卦)

昔者聖人之作卦也,將以順『性命』之理。是以立天之道,曰陰與陽;立地之道,曰柔與剛;立人之道,曰仁與義。(說卦)

所謂『乾道變化,各正性命』所謂『性情就是利貞』所謂『成性』所謂『窮理盡性』所謂『順性命之理』皆是把『性』和『命』,『性』和『情』,『性』和『理』連合在一塊;又加上天道變化,陰陽柔剛等捉摸不定的名詞,以明『性』的功用。嚴格說起來,書易中所說關於『性』的話,一是切於人事,一是混入天道;但皆和性的研究,不多發生關係。就是書所言的『節性』和易所言的『正性』『盡性』『順性』亦不能認他爲討論性的結果。

再說第二類,其見於樂記的有二條:

人生而靜,天之性也。感於物而動,性之欲也。

夫民有血氣心知之性，而無哀樂喜怒之常，應感起物而動，然後心術形焉。

這是認定性爲血氣心知，血氣是指揮體質屬於物質方面；心知是指揮心靈，屬於精神方面。性當未動時，本是靜的，感於物而動，乃始有喜怒哀樂之情發生；並斷定感物而動，是性之欲。總算能把性的意義，略略說明了。假使能由此一條道路，用合理的觀察，研究下去，不復再入玄學的圈套；那末對於性未嘗不可得一個明確的界說。可惜後來自命繼承道統的儒家，不是這個樣子，這也就無可如何了！

再說第三類，如論語孔子所說：『性相近也，習相遠也，』總算對於性能稍稍加以研究了。這兩句話，本來是很容易明白的，性是指先天的本能，習是指後天的習慣。若就普通大體以言，自然是各人的本能，不甚相遠；但是因爲有了一點差異，加上後天經驗的發展，以成習慣，那就距離日遠了。孔子是專就教育立言，因爲性近習遠，所以證明後天的教育，不可不特別注重。至於他又說『惟上知與下愚不移，』那是專指高才生及劣等生，也是就教育設施一方面說的。今日學校內，不有所謂優等生劣等生的特殊教育麽？其具有特別天才的人，自然教育容易收效，你要把他降入低等，是絕對不可能。反之，若真係其才不堪造就，那也就無法可施了。不過在孔子所持的教育方針，總是認定教育是『萬能』的，以爲各人氣稟稍有所偏，却也無妨困知勉行，總能成功，所以他有『柴也愚參也魯師也辟，由也喭』的說法，以表示其因才而教，不拘一格。這種精神，何等偉大呢？又中庸上開宗明義第一章就有了三句話，說：

天命之謂『性』；率性之謂道；修道之謂教。

如是粗淺一點兒講起來，也是很容易明白的。天命是指『自然』，性由自然而生，是屬於先天的。循性而行，就是自然的道路，所以說：『率性謂道』。我有目，當然能視，我有耳，當然能聽，我有口腹，當然要思食；推而至於其他一切器官，無不如是。這皆是『率性』而行的必由之『道』。就其最初一點說，自然分不出什麼好和什麼不好出來。但是，如若率性進行，結果也就不能沒有好的和壞的成分在內，所以這個『道』當然不能說他就是善道，其中惡道也是有的。（善德惡德古來本有這種區別；正道邪道，今日俗語中仍通行）道既有好有壞，所以一定要有『修』的工夫。修道的工夫是什麼呢？就是『教』。『教』當然是指教育而言。這樣層次，何等分明？條理又何等淸楚？鄭注說：『天命是天命生人者也，是謂性命；木神則仁，金神則義，火神則禮，水神則信，土神則知，』已極離奇可笑了。而宋儒因爲要主張性善，又要合天，更復有較深一層不易明白的講法。（如朱子所注，就是有這個樣子。）賢如清儒惠棟，箸易大義一書，對於這三句的注解，倘復有左列諸說：

天命之謂性。〔注〕民受天地之中以生，天地之中，命也。民受之以生，性也。率性之謂道，修道之謂教。〔注〕天命之謂性，中也。率性之謂道，和也。修道之謂教，致中和也。

他在卷首，並且鄭重聲明說：

中庸，〔注〕此仲尼微言也，子思傳其家學，著爲此書，非明易，不能通此書也。

如此注解，更是令吾輩淺學人，不易窺其奧妙了。

此外復有文句中未道及『性』字，而後儒因欲借此以申其性善之說，特認他作『性』字解，並且認定他作『性善』解的。如：

詩大雅『天生蒸民，有物有則。』

鄭箋說：

天之生衆民，其性有物象，謂五行——仁義禮智信也。

又如書：『惟皇上帝，降衷於下民』就把『衷』字當作『性』字講。其他類此的，亦復不少。依我個人愚見看總以爲不免有點過重主觀望文主義之弊。

〔附註〕清儒戴震對於蒸民詩『有物有則』的解釋，就不同於漢宋諸儒。

（三）

就我們常識所能知道的，『情』和『欲』這兩樣東西，是屬於性的一部；性又是屬於『心』的一部。所以自古以來，講到『性』，就不能和這三樣脫離關係。還有『命』『才』『氣』三樣，也是和『性』關係密切。究竟這幾樣東西，他的定義和範圍是怎樣呢？却也很難說定。欲知其詳，待到下文再講。茲先把周秦漢三代所有關於論『性』而兼論『情』『欲』『心』『命』『才』『氣』的各說，略爲敘列一下。

由周至漢，百家紛起，各學爭鳴，道家論性，固與儒家不同，（梁任公先生謂：道家不討論性的問題，似乎不對，待下文再爲詳說）即以同一儒家而論，東周之儒，已異於戰國，孟子之說，不同於宓子賤漆雕開，而漢代新儒家，則又異於孟子，且雜入陰陽之說。其間原因結果，極其複雜，惟在本節只能把漢以前和性相關的各說，略略敘述一下，爲下文作一個引論，絕不能怎樣詳盡。現在可以分着八條來說。

（一）把『性』『情』兩樣連合起來說的，周以前比較少，漢以後，比較多。易辭說：

乾元者，始而亨者也；利貞者，『性情』也。

荀子說：

一之於『情性』，則兩喪之矣。（禮論篇）

夫好利而欲得者，此人之『性情』也。（性惡篇）

董仲舒春秋繁露說：

身之有『性情』也，若天之有陰陽也。……

此外如王充論衡本性篇有『董仲舒覽孫（孫與荀同音）孟之書，作「性情」之說』的話，劉向有『「性情」相應』的話。至鄭玄注經，趙岐作孟子章句，性情並稱之處，更是不一而足。易『窮理盡性，以至於命』句，鄭氏注之，對於『盡性』簡直就說『盡人之「性情」』大概到了漢代，性情兩個字已經連合起來，成功了一種結合語。所以班固纂白虎通義，竟把『情性』兩字，列爲一個篇名。（又漢代不稱『性情』而稱『情性』的，也不少。）

〔附註〕後人有將白虎通義的『義』字删去簡稱作『白虎通』的，極爲不通。

（二）如是把『性』和『情』兩字對稱的，古亦有之。董仲舒說：

『性』者，生之質也；『情』者，人之慾也。

『性』者天之就也；『情』者，性之質也；欲者情之應也。

白虎通義情性篇說：

『情性』者何謂也？『性』者陽之施，『情』者陰之化也。人稟陰陽氣而生，故內懷『五性』『六情』。『情』者，靜也；『性』者，生也。

又同篇引鉤命訣的話，說：

『情生於陰，欲以時念也；『性』生於陽，以理也。陽氣者仁，陰氣者貪，故『情』有利欲，『性』有仁也。

趙岐孟子章句告子章說：

『性』與『情』相爲表裏，『性』善勝『情』，『情』則從之。

易象辭：『乾元者，始而亨者也；利貞者，性情也，』正義釋之，說：

從『性』制『情』。

至如荀子有『從人之「性」，順人之「情」』的話，孟子有『山之「性」，人之「情」』的話，看似對舉，實則是把性和情認作同樣的東西和前文所引的，就不算同例了。但是荀子也曾把性情區分出來，我們看他所下『情』的定義說：

『性』之好惡喜怒哀樂謂之『情』。

如此說法，就覺得很明白了。

(三)如是單獨說『情』的，古籍中也有之。王充論衡本性篇上說：

『情，』接於物而然者，出形於外。

列子說符篇上說：

發於此而應於此者，唯『情』。

禮記鄭注：

人『情』之中外相應。（問喪注）

『情』以陰陽通也。（禮運注）

（四）如是說『情』而兼及於『欲』的，那就多不可言了。除前文已引不具外，可以敘列如下。

禮運說：

何謂人『情』？喜怒哀樂愛惡『欲』——七者，弗學而能。

荀子榮辱篇說：

人之『情』，食『欲』有芻養，衣『欲』有文繡，行『欲』有輿馬，又『欲』餘財蓄積之富。

又同書正名篇說：

以所『欲』爲可得而求之，『情』之所必不免也；以爲可而道之，知所必出也。

呂氏春秋情欲篇說：

天生人而使有貪有『欲』，『欲』有『情』，『情』有節，聖人修節以止『欲』，故不過其『情』也。……………

又同書適音篇說：

人之『情』『欲』壽而惡夭，『欲』安而惡危，『欲』榮而惡辱，『欲』逸而惡勞。

許慎說文解字說：

『情』，人之陰氣有『欲』者。

王充論衡本性篇說：

一歲嬰兒無退讓之心，見食號『欲』得之，睹好，啼『欲』視之，長大之後，禁『情』割『欲』，勉勵爲善而已矣。

劉向說苑引傳說：

觸『情』縱『欲』，謂之禽獸。

董仲舒說：

『情』者，人之『欲』也。

僞列子說：

若觸『情』而動，耽於『嗜欲』，則性命危矣。

〔附註〕假定列子是漢人所作。

坊記鄭注引鈎命訣說：

『情』，主利『欲』也。

依上文所說，我們歸納起來，可以得了三個觀念：

(1)『情』是喜怒哀樂好惡的感情，往往隨『欲』以俱發。

(2)『情』就是『欲』。

(3)『情欲』是人生所同具，但不純粹是善的。

〔附註〕如單獨說一個『情』，尚可認他是善的，如孟子『乃若其情則可以爲善矣』的說法，就是如此主張；因爲他把『性』和『情』認作一樣，沒有區別。若是『情』『欲』混說，就不能如此了。

那末，情和欲究竟關係是怎樣呢？在性中的地位，究竟是怎樣呢？待到下文，當然要加以詳說，現在姑且下一個定義，說：

『情是感情的表現，欲是本能活動的傾向。』

(五)其有單獨言『欲』的，也可以說一說。在禮運內已經把『欲』列入七情，認爲是情的一部，此外復有說欲的專條，並且取『惡』來和『欲』相對待，用以明人類生活的本源。他說：

飲食男女，人之大『欲』存焉；死亡貧苦，人之大惡存焉。故『欲』惡者，人之大端也。

這條說得最精本來人類最重要的本能，就是『食』(food)『色』(sex)兩字。不但人類如此，一切生物皆如此。食是營養以維其生，色是生殖以延長其生。生物若沒有這兩種根本能力，早已不能生存了。不過這兩種活動的程度，也有點區別：若是發生於外，自然有求食求偶的行為；而存之於內，則僅有求食求偶的願望。願望，是一種精神活動的傾向；還不能說是外發的行為。

〔附註〕如依照行為派的心理學說，『欲』亦可認為內部潛伏行為的一種。參看郭任遠著人類之行為。

在道家講『欲』的地方也很多。大概都是分『性』『欲』為二元，以為『性』是極好的，『欲』是極惡的。他是不認性欲一致之說。這種說法，當然不能令人滿意，下文當再詳說。

在主性善的孟子，也有『寡欲』的主張，所以他有『養心莫善於寡欲』之說。(孟子盡心章）這是和荀子所說不同。（詳下文）至於他說性就是『欲，』雖未明言，我們讀過孟子的，也可以看得出來。他既說：『口之於味，耳之於聲，目之於色，鼻之於臭』的一大段話，復斷之以『性也有命，』這是明明說這些口耳目鼻四肢所以發動的皆是『欲，』不過所欲的有能得不能得，或所得的程度有深有淺。何以成這個樣子呢？是因爲爲命所限制。

荀子說『欲，』也是主張有節的，他認定節欲之權，在乎心——思慮。這是一點不錯，所以，正名篇上說：

天性有『欲，』『心』爲之制節。此句今本闕據宋本增入

（六）繼此可以再說一說『心』了。『心』是精神活動的總名，並且把先天的能力，和後天的經驗，一切都可以包括在內。若是單純的說性，自然和心的範圍不同。我們只可以說『性在心，是屬於先天能力的一部。』白虎通義說：

目爲『心』視，口爲『心』譚，耳爲『心』聽，鼻爲『心』嗅，是其支體主也。

這是說一切官能感觸活動，皆是以心爲主。和董仲舒所說：『目不能二視，耳不能二聽，手不能二用，一手畫方，一手畫圓，莫能成』的話相同。蓋認定心主於一，頗與實際情形相近。

在孟子一書內說『心』的地方也最多。因爲他主張性善，往往把性的範圍，故意擴張得很大，幾乎要佔心的大部。他以惻隱之心，羞惡之心，辭讓之心，是非之心，爲仁義禮智的四端——善端。後來儒家也就認惻隱羞惡辭讓是非爲情，認仁義禮智爲性，幷謂心統性情而言。（見孟子朱註）他又說：

盡其『心』者，知其『性』也；知其『性』，則知天矣。存其『心』，養其『性』，所以事天也。

孟子除『盡心』說法以外，復有『求放心』之說，他用牛山之木，比喩人的良心，以爲山之性，本有材，人之情本有仁義，患在人把良心放走，不去求他，並非人性生來沒有仁義，亦猶牛山上本非無木，只因爲有牛羊踐踏，所以才濯濯可憐，何嘗是他的本性呢？後來趙岐注孟子曾說：

『性』有仁義禮智之四端，『心』以制之，人能盡極其『心』，以思行善，則可知其『性』矣。

又說：

人之有『心，』爲精氣，主思慮可否，然後行之；猶人法天，天之執綱維以正之。二十八舍者北辰也。論語曰：『北辰居其所而衆星拱之。』『心』者人之北辰也。

『心以別性』和荀子所說頗相近。荀子所說總算是很好了。他說：『情然心爲之擇，』『情然』就是可見欲之物，覺得可欲的一種心境。『心爲之擇，』就是估量此可欲之物欲得應該不應該。所以他又說：

心慮而能爲之動，謂之僞。

這是說情欲與動作之間，全靠心的作用來主宰，所以正名篇上說：

『心』者道之工宰也。王念孫云陳云工官也官宰猶言主宰

解蔽篇上說：

『心』者，形之君也，而神明之主也；出令而無所受令。

荀子正名篇還有一段論『心』和『情』『欲』的關係，說得尤精，錄之如下：

凡語治而待去欲者，無以道欲，而困於有欲者也。凡語治而待寡欲者，無以節欲，而困於多欲者也。……………欲不待可得，而求者從所可。欲不待可得，所受乎天也；求者從

所可受乎心也。天性有欲，心爲之制節，……故欲遇之而動不及，心止之也。心之所可中理，則欲雖多奚傷於治?欲不及而動過之，心使之也。心之所可失理，則欲雖寡，奚止於亂?故治在於心之所可，亡於情之所欲。……以欲爲可得而求之，情之所不能免也；以爲可而道之，知所必出也。故雖爲守門，欲不可去，性之具也。雖爲天子，欲不可盡。欲雖不可盡，求可盡也；欲雖不可去，求可節也。……道者進則近盡，退則節求，天下莫之若也。凡人莫不從其所可而去其所不可。知道之莫之若也，而不從道者，無之有也。……

……故可道而從之，奚以損之而亂?不可道而離之，奚以益之而治?

這是說爲治不必一定叫人去欲，但能導欲，也就可以不爲有欲所困。不必一定叫人寡欲，但能節欲，也就可以不爲多欲所困了。導欲節欲，用什麼方法呢?就是在於心的主宰。心能對於一切欲，控制得宜，『所可中理，』欲本來不至爲害，所以斷定治亂在『心之所可，』不在『情之可欲。』只要心能做得主，節制天性之欲，則欲雖過而動亦可以不及。所以人人皆應該『從其所可，而去其所不可。』如此說法，既和道家的絕欲寡欲之說大不相同；就是和儒家性善之說，亦復有異，頗能合於近世教育心理學的原理。

（七）心既說完可再說一說『命』『性命』連稱，始見於易性命合一，古說亦多；禮記檀弓鄭注有『命猶性也』的話，王充有『命則性也』的話，這是最顯著的。

〔附註〕照近世普通常識說起來，『性命』也可以叫『生命』性命生命，也就是生活，也就是生活的根本或生活的本源。近代根據生命原理，論述心理現象的，頗有其人，如日人福來友吉所著的心理學審義，就是這樣主張，南庶熙編譯其文成一小冊，即叫做『心理與生命』他以爲生命現象，就是『活着』的現象，人類一切性欲的發現，皆是爲活着的要求向前進行，如性欲而不含活着目的在內，就沒有生命的意義。所以人類（其實不止人類）的行動，必定是可以視爲實現性欲（如食色之欲）的要求上所必要的過程時，才有生命。在南書——心理與生命——第十章內說得很透澈。如此看來，我們可以大膽說『性就是命』了。不過在古人所說的『性即命』，是否就是這個意義，還不敢十分說定。

我們現在檢閱商周及漢代古籍，知道古人對於『命』的觀念，是由天的觀念推演而生。天的觀念變遷，命的觀念，也就隨之變遷。

梁任公先生著先秦政治思想史，其中有『天的觀念』一章，論敘頗爲精確。我們就依着他所說古人天的觀念的結論來說一說命的觀念。

人類當迷信最深之時，總是認天爲有覺感有情緒有意識的神。既認天爲有人格的神，自然說天能命令吾們人類了。『命』是天之所命，是由動詞轉成名詞。我有形體，是天之所命；我有精神也是天之所命；我的形體，我的精神，受先天的限制，也是天之所命。推而至於有生之後，一切際遇，如夭壽貴賤貧富也無往而非天之所命。到了認定人生夭壽貴賤貧富爲天之所命，於是『命』的觀念乃始完全成立。後來人智進步，對於篤信天命的觀念，不免稍稍薄弱，遂有『天道遠，人道邇』的一派話出來。雖然是稱說天命已經把有人格的天變成了抽象的天。到了道家又用哲學的眼光來觀察天，認天是一種『自然』並不含有什麽神祕的意味在內。於是和古代相傳下來的『天道觀念』乃益覺大不相同。就是儒家一派因注重人事之故也有『先天而弗違』的折中主張（見易文言。）『天』的觀念，既有變遷，自然『命』的觀念亦不能不隨之而變。在孔子時，尚未能完全脫離迷信，因有『天生德與予』的說法，又子夏有『死生有命，富貴在天』的說法。但是他同時還有『天何言哉？四時行焉，百物生焉，天何言哉？』的話，此又和道家的思想相接近了。後來儒家如孟子一面說性，一面說命他說『口於味，目於色，耳於聲，鼻於嗅（臭卽味）四肢於安佚，』這純粹是性。但能得不能得，不可一定，這就是命。命，不可苟求，故說：『君子不謂命。』復言：『仁於父子，義於君臣，禮於賓主，知於賢者，聖人於天道，』這雖是命祿遭遇情形，不能定，但可以人力盡量做去，不可甘心受『命』的限制。他的主張是一方面對於『命』之所定，不必苟求；一方面對於性之所能，又當努力奮勉。這可以說是儒家一種『戡天主義』的啓源。道家過於信任『自然』，以爲『性』是極好的東西，『欲』是極壞的東西，『性』就是『道，』是天的『本體，』應該保存他；欲是性之所發，足以害道，應該滅絕他。『命』是自然法則，好壞任之於天，不必去問他。因此後來就演成了一種『命定主義，』『樂天主義，』『厭世主義；』看那一切是非善惡，以至於貧賤高下，皆沒有什麼大區別，因而也就不去努力向上。這一點却是道不如儒。

漢代論命的人，極爲駁雜，因爲漢代儒家，一方反對道家『自然主義』的『命定說，』一方又參入『道士派』的神鬼術數，表面說是恢復儒家的說法，實則多取法於墨家天志論以釋儒言，不僅恢復周代儒家『天』和『命』的觀念，並且恢復周以前夏商時的『天』和『命』的觀念。彼等創爲『天人感應』之說，遂有那些災異祥瑞符命讖緯等怪說，一齊出來，董仲舒即可爲此派的代表。他說：『人之所爲，其善惡之極，皆與天地流通而往來相應。』以爲我無論做一件善事，做一件惡事，天神皆知道的；善有善報，惡有惡報，儘管先天壞，只要後天能做好事，也可以轉變。此和近世善書陰隲文一派所說相合。和道家所說的命，固然不同；即和儒家所說的命，也復有異。嚴格說起來，已經和性不發生什麼關係了。

東漢王充對於迷信派的新儒家，是持極端的反對態度。他是主張恢復自然派的舊道家，欲以『自然』的天來代替『感應』的天；以規定的命來代替無定的命。他以爲命有兩種：

(1)是和性相同的——即『稟氣』之命。這種命，受生之初，早經決定，不容增減，論衡命義篇上說：

死生者無象在天，以性爲主；稟得堅強之性，則氣渥厚而體堅強，堅強則壽命長，命長則不夭死。稟性軟弱者氣薄而羸窳，羸窳則壽命短，短則早死。故曰：有命。命則性也

（2）是與性相異的——卽『觸直』之命。這種命，是由外面偶來的，就是人生禍福，不過是偶然遭逢，和本來的性，絕不相涉，命義篇上又說：

夫性與命異，或性善而命凶，或性惡而命吉。操行善惡者，性也：福禍吉凶者，命也。或行善而得禍，是性善而命凶；或行惡而得福，是性惡而命吉也。性自有善惡，命自有吉凶。使命吉之人，雖不行善，未必無福；命凶之人，雖勉操行，未必無禍。

〔附註〕胡適之先生所著中國哲學史大綱卷中中古哲學漢之哲學關於王充哲學論命的一部，說得最好。惜乎此書現在尙未出版。

還有墨家一派，一面主張『天志，』一面又極力『非命。』以其和本題無大關涉，故不具論。

（八）還有論『才』論『氣』的，如孟子所說：『乃若其情，則可以爲善；若夫爲不善，非才之罪，』情是『素，』是『質，』也就是『才，』所以下文復接着說『不能盡其才』的話。孟子又說：『富歲子弟多損，凶歲子弟多暴，非天降才爾殊………，』『降才』也就是『生性，』（還有牛山之木一段，也是如此）這是純粹把『才』和『性』認作一樣東西的。在翟灝孟子考異所引四書辨疑，則謂：『情爲才之誤，』是『情』字就是『才』字，『才』與『材』古字本通用。所言自屬確有見地。

孟子論『氣』的話，似乎專指後天精神而言，如和公孫丑論不動心一段，舉出北宮黝孟施舍二人勇敢不屈的狀況，而斷之以『守氣。』又戒人不可『動氣，』須『壹氣，』而終以『養浩然之氣。』如此說法，似乎和性不發生何等關係。但是到了漢儒就大不相同了。白虎通義禮樂篇上說：

人無含天地之氣，有五常之性者。

天地之氣，是什麽東西，何以含之於人，已不大令人好懂了。而樂記有『五行秀氣』之說，鄭氏注其文，謂：『言人此氣性純也，』又禮記『故人者天地之心也，五行之端也，食味別聲被色而生者也』一段，鄭氏注其文，謂：『兼言氣性之效也，』既把『氣』和『性，』合在一塊，而又不能明言其界說，則更令人難懂了。若依照現在常識講起來，『氣，』是偏於生理一方面的，一說也就可以明白。不過在前人，却不是這個樣子。（到了宋儒遂有所謂『氣質之性』的說法，則氣與性就發生密切關係了。）

（四）

自從東周世碩孔子提起論性的端緒，於是就有戰國時孟子告子荀子三大派的主張發生，三派各主一說，討論總算十分精詳。到了漢代有董仲舒揚雄劉向荀悅王充一班人，也各有特殊的見解。六朝雜糅道佛，論性是另成一派。唐代韓愈李翱所說無大精采。至宋理學大興，論性乃極盛，始於王安石，經過周敦頤邵雍以至張載；二程及朱熹而集其大成。明代陸王之學盛行，論性則雜入老佛（宋代亦然）。至清初有顏元戴震出來，乃一掃陰霾，復見清明。清末復有俞樾章太炎兩人，可以作全軍之殿。至於應用近代新式心理學以論性，則是歐西科學傳入中土以後的事，當然要另劃成一個段落。

論性本是心理學的職分，但在古代心理學未完成時代，心理學只可算哲學的附庸，中外皆是，我在前文已經說過。現在就中國論性學說的歷史分析時代起來看一看，可以判作七個時期。

第一期爲東周，此時不過粗引論緒，尚未入討論時期。這可稱爲『論性的萌芽時期』。

第二期爲戰國，此時有『性善說』『性惡說』『性無善無惡說』三大派出現，主義已經明晰。後來學者，雖辨論多方，往往不出其軌範。且在此時期內，三家所討論的，純就人生問題，教育問題，政治問題立說，並不含一點神祕的意味，可以認爲『哲學的論性時期。』

第三期爲漢代，這一時期的論性，或主張性惡，或主『善惡混，』或主性分品級，仍是脫不了東周及戰國各家的範圍，且多有雜入五行迷信之說，表現出新儒家特別色彩。王充起來，辭而闢之，意在極力恢復道家自然主義。這可稱爲『論性的龐雜時期。』

第四期爲六朝，此時期論性學派並不顯著，然可以看得出來的，是一受道家的影響，一受佛家的影響，多以養性絕慾爲宗。這可稱爲『論性的消極時期。』

第五期爲唐代，唐代佛學正在醞釀，此時期哲學極不振，所有論性學說，亦無特別精彩。此可稱爲『論性的衰落時期。』

第六期爲宋元明，從北宋至南宋至明，哲學大興，而醞釀已成熟的佛學，及發榮滋長的道教，和儒家結合起來，成功了一種『理學，』論天道，論人事，論心，論性，論命，會天人爲一貫，却不免含有神祕的意味。此時期稱爲『論性極盛時期，』又可稱爲『玄學的論性時期。』

第七期爲清代，在南宋時學者論心論性，雖漸有脫離玄學羈絆的趨勢，漸漸組成有系統的心理學；但猶未能十分顯著。到了清代，心理學乃益形完整。這可稱爲『心理的論性時期。』

這七大時期的分劃，不過就大概而言，當然不能十分精密。如以元明兩代加入於宋，以俞章兩家偕同顏戴，輕重有殊，性質亦不甚相類。惟彼（指元明）既不能自成一期，只好酌爲附入，而實際在本文內關於元明兩代論性人物，並且未敍出一位。（只於薛瑄羅欽順兩人之說，略略徵引數語。）

茲再就論性各派的主張，加以區別，可劃爲五大派。

（1）性善說
（2）性惡說
（3）性無善無惡說
（4）性有善有惡說
（5）性分品級說

大致由周及清，二千五百年間，各代學者論性，均不能越出上列五大派的範圍。不過各派之下，其說略略變遷，也是有的。如同一性善說，唐李翱所說，卽不同於孟子，而二程朱熹所說，又不同於李翱。同一性惡說，董仲舒又不同於荀卿，俞樾又不同於仲舒。可知一種學說，有創有繼，有改有補，宗旨雖同，却不能保其無變。

這一種分類法，是在宋學未發生時，已經有的。若再從頭溯上去，就是在戰國時，已經有五派了。那五派呢？(1)性善說，(2)性惡說，這是孟子荀子斬釘截鐵毅然決然主張的，旗幟極其鮮明，理由亦復備具。這兩派當然是兩個大幹。但是和他同時的，還有三說：第一說謂『性無善無惡』就是告子所說『性猶湍水』的比喻。第二說謂『性可以爲善可以爲不善，』就是告子所說『性猶杞柳』的比喻。其實謂性可以爲善可以爲惡，反轉過來說，也就是無善無惡。所以這兩派又可合成一派，叫做『性無善無惡派。』第三說謂『有性善有性不善，』這是始於孔子所說的『上智與下愚不移，』和世碩所說的『人性有善有惡；』王充亦主張之。因此漢之賈誼劉向荀悅唐之韓愈乃就把性分爲若干等級出來。有時這一派所說的，竟和『性有善有惡』一派相混。

（五）

前節所說僅僅敘一個性學史的大略，以便下文好分期敘述。可是在敘述之前，還有應當討論的兩個問題，現在也不能不敘說一下。

第一個問題——孔子孟子同是注重人事，同是注意道德研究，同是注意以教育化人於善，何以孔子對於性的問題，只有『性相近，習相遠，』『唯上智與下愚不移』等寥寥數語，而孟子則對於心理中性的問題特殊注意呢？在滕文公篇內說：『孟子道性善，言必稱堯舜，』可知性善之說，在孟子全部學說中，確實是佔了極重要的地位。這究竟是什麽緣故呢？要解答這個問題，第一：我們要明白孔子所注重的道德，是『倫常的道德，』孟子所注重的道德，是『個人的道德。』由孔至孟，是由倫常主義的儒家，一變而爲尊崇個人的儒家。所以雖同一注重人事，但是已由極端實際的人生哲學，一變而爲心理的人生哲學了。何以有這樣變遷呢？當然是一由於時勢的迫促，一由於學說的遞嬗。第二：我們要明白孟子所處的戰國時勢，絕不同於春秋。激烈的民權主張，在孔子時不必有，而孟子則一定有。蓋孔子既沒，及門諸弟子分成若干派別，遂致同一儒家，而門戶各立，趨勢懸殊；既有極力崇尚孝道的極端倫常主義，自然也就有專注修身，專重心性，專論知識方法的個人主義，相向對立而起。由孔子到孟子一百多年中間，是政治方面，社會方面，變遷最急的時代，也是思想遞嬗最急的時代，如要明白他思想遞嬗的線索，大學中庸兩部書，就是極好的憑證。此層胡適之先生在他那中國哲學史大綱內，已經說得很透澈，當然認他爲極有理由。因爲大學中庸這兩部書，可以斷定是在孟子以前產生的，是繼承孔子死後而起的。大學專重修身，身所由修，在於格物致知正心誠意四種方法，身修而後可以有齊家治國平天下的四種效果。他是極端以個人爲本位，另從心理方面，設出求知做事的方法；雖然未專門論性，但『心』和『意』却已爲他所十分注重了。至於中庸，開首就有『天命之謂性，率性之謂道，修道之謂教』三語，提挈一篇方法總論，而以『至誠』『盡性』『中和』爲三個大要目，這三個要目，皆是爲論性而發。誠的工夫，就是充分發展個人的本性。所以說：

誠者，天之道也；誠之者，人之道也。

上一個『誠』字，是形容詞；下一個『誠』字，是動詞。『天之道，』就是指天性；人的天性，本來是誠的，所以說：『誠者，』我們應該依着誠的工夫做去，以盡人道，『誠之者，』就是說用人工做起誠來。因而又說：

唯天下至誠能盡其性；能盡其性，則能盡人之性；能盡人之性，則能盡物之性；能盡物之性，則可以贊天地之化育；可以贊天地之化育，則可以與天地參矣。

能以至誠方法，充分發展個人由生俱來一種誠的本性，結果便可與天地參。你看這種效力多麼大呢？

在大學上所注重的是身心意，而尤其對於正心的『正，』特別注重。在中庸上所注重的是『性，』務使性時時刻刻保存『中和。』心比性範圍大，心要『正，』性要『中和，』其注重個人心理則一。

中庸上說：

喜怒哀樂之未發謂之『中，』發而皆中節謂之『和。』中也者，天下之大本也；和也者，天下之達道也。

喜怒哀樂未發之時，本來是說不出什麽狀態，硬要形容他說是一個『中』字，實在令人有點不明白。但是他的意思，是說：喜怒哀樂的感情，發時要中節，太過和不及，皆不好。中節本不易，若是論起他自然的本來態度，就假定未發時喜怒哀樂的諸性，本是至『中』的；要永久不失其『中』所以必定要隨之以『和』。

大學中庸兩書，專重視個人重視個人心性，已經是孟子荀子論性的先驅。這種線索，是明明可以看得出來的。明瞭了這一點，然後纔可講起孟荀告三家的學說。

再說第二個問題——在戰國以前，儒墨道三家，幾乎平分天下。儒家孟荀，因討論人生道德問題，討論教育問題，故注重在心理方面，而對於『性』有詳細的研究。墨家則為取求知識，注重論理，於心理亦極力講求，而於心理中性的一部分，則不甚注意。道家對於『性』的問題，究竟是怎樣呢？有人說：道家是不講『性』的，從老莊以至漢晉以後的道家，又外來的佛家，皆是如此。但是，據我個人淺見看來，似乎不是這個樣子。現在除去漢以後道家論性的學說，讓下文仔細說明外，試先就老莊論性的各點引來說一說，也可以見其一斑了。

『欲』是性的一部，這是無論何人，不能否認的。在道家一派，要把『性』和『欲』分為兩概；以爲『性』是由生俱來的一種天然本性，最好不過的；『欲』是由性而發，所用以吸收知識，產生願望，是最壞不過的。要想保全本性，惟有『絕欲』。所以老子說：

不見可欲，使民心不亂。

五色令人目盲；五音令人耳聾；五味令人口爽；馳騁畋獵，令人心發狂；難得之貨，令人行妨。是以聖人爲腹不爲目，故去彼取此。

『爲腹不爲目』，就是專求物質的供給，無庸求精神知能的發展。因爲他認定知能發展，是一件有害的事，『長短相較，』『上下相傾，』皆是由此而起。所以說：

大道廢，有仁義；慧智出，有大僞；六親不和，有孝子；國家昏亂，有忠臣。罪莫大於可欲，禍莫大於不知足，咎莫大於欲得。

因此他就明白主張『絕聖棄智』起來了。他說：

絕聖棄智，民利不倍；絕仁棄義，民復孝慈；絕巧棄利，盜賊無有。此三者，以爲文不足，故人之有所屬。見素抱樸，少私寡欲。

絕學無憂。

爲學日益，爲道日損。

塞其兌，閉其門，終身不勤。

『見素抱樸』就是爲全其本性。所以又說：

無名之樸，夫亦將不欲。

我無欲而民自樸。

是以聖人欲不欲，不貴難得之貨。

他是主張『全性』，主張『絕欲』，所以就極力反對『前識』，因而說：

前識者，道之華，而愚之始。

治人事天，莫如嗇。

到了莊子主張更覺明白了。莊子重視『自然』，比老子還要厲害。他以爲人性本爲『自然』，『自然』就是『天』；人應該去『返天』，以復歸於自然。所以他主張『任性』。駢拇篇說：

吾所謂藏者，任其性命之情而已矣。

秋水篇說：天在內，人在外。牛馬四足，是謂天；落（落即絡字）馬首，穿牛鼻，是謂人。

在宥篇說：

無爲而尊者，天道也；有爲而尊者，人道也。

他以爲加上人工皆是戕性而悖天。馬蹄篇說得尤爲痛切。他說：

馬蹄可以踐霜雪，毛可以禦風寒，齕草飲水，翹足而陸；皆馬之真性也。雖有義臺路寢，無所用之。及至伯樂曰『我善治馬，』燒之，剔之，刻之，雒之，連之以羈馽，編之以皁棧，馬之死者十二三矣。飢之，渴之，馳之，驟之，整之，齊之，前有橛飾之患，而後有鞭筴之威，而馬之死者已過半矣。

這和老子所說『代大匠斲，傷其手』的道理一樣。因爲有這個緣故，所以莊子對於性有兩種主張：

（1）是『不失其性；』

（2）是『不淫其性。』

失性就是失其真性，如伯樂治馬，就是失去馬的真性。後世治民，立出種種政令賞罰，也就是使民失去真性。所以在宥篇又說：

使人喜怒失位，居處無常，思慮不自得，中道不成章，於是乎天下始喬詰卓鷙，而後有盜跖曾史之行。故舉天下以賞其善者不足，舉天下以罰其惡者不給。

莊子主張『去智』，主張『無情』，就是爲妨止『淫性』。所以說：

榮辱立，然後覩所病；貨財聚，然後覩所爭。（則陽篇引柏矩語）

在人間世一篇，說明『知』與『爭』的關係，尤爲透澈。

老莊對於性的主張，大概如此。後來漢魏六朝凡帶有道家意味的學者，無不具有這樣觀念。佛學既入，主張超絕人生，尋出真宰，和道家絕欲存性之說，幾乎如出一轍。所以一直到了宋儒，表面上雖說繼承儒家的道統，實則關於論性學說，分做天理人欲二元，仍是受了道佛兩家的影響，和孟老夫子性善說的真面目，早已大不相同。

第二篇

本篇是專為論述孟荀告三家論性學說而設；但在未經過正式論述以前，可再把周秦以前各派，略略敘述一番，作一個先導。

（一）

孔子論性的學說，僅見於論語所載數語；就此數語，可以分作兩項：

(1)謂：『性相近也，習相遠也』——這是說人性大致不甚相遠。蓋就其同的一方面而言。

(2)謂：『惟上智與下愚不移』——這是說人性雖然大致相同；但其中仍不免有『天才』的和『劣等』的區別。蓋就其異的一方面而言。

這正是所謂『大同之中復有小異。』若就教育功用上說，自然人人皆有施受教育的可能；而轉移習慣，養成良善品性，尤為教育家所最注意。禮樂設施，就是為此。如照孔子這樣的講法，似乎也沒有什麼深奧難懂之處。但如子貢所說：『夫子性與天道，不可得而聞，』

就有一點令人不易明白了。大約如子貢所稱夫子的性說，是和天道相混合，帶有玄學的意味在內，所以就不能爲一般門弟子所詳知。可是玄學的性說，就論語上看，老夫子從未說過一次。因此我們就不能不說到易經上面去了。今假定彖象等十翼之辭，皆爲孔子所作，則言性之處，自然是不少。曰：『正性命』；曰：『順性命』；曰『繼之者善也，成之者性也』；皆是把天道和人道混合起來說的。如此言性，自不免玄之又玄，令人難懂。四庫全書總目周易正義敍有言：『易本卜筮之書，故末派寖流於讖緯。王弼乘其極敝而攻之，遂能排擊漢儒，自標新學；』可知漢傳已經把這個奧妙不易明白的易經，又加上五行生剋的說法，自不免走入烏煙瘴氣一途。就是到了宋儒，所有關於論性論命，多本易說，又何嘗不是烏煙瘴氣呢？那末我們敍述古人論性學說，也就只好把這一部分玄學的性說，不加理會罷！

在周代論性的，有世碩，世碩之書不存，其說見於漢王充論衡所引。本性篇上說：

周人世碩以爲人性有善有惡，舉人之性善，養而致之，則善長；惡性養而致之，則惡長。如此則性各有陰陽，善惡在所養焉。故世子作養書（玉海三十五引作『養性書』）一篇。

世子養書不可見，而其人究竟在孔子之前，抑在孔子之後，也就無從考察。但如王充所說，世碩對於性已有了如此說法，總算比較孔子所說，詳審得多了。

此外孔子弟子中論性的復有數人，其說也見於王充論衡所引，而本人之書，亦亡。本性篇上說：

宓子賤漆雕開公孫尼子之徒，亦論情性，與世子相出入，皆言有善有惡。

所謂『性有善有惡，』也就是和孔子所說『上智與下愚不移』的話相近。上智是屬於『性善，』下愚自然是屬於『性惡。』後世『性三品』之說，實卽導源於此。

戰國之時，各家學說爭鳴，於是性的研究也就成爲一個中心問題。孟子荀子是態度極明瞭的，一個主張『性善，』一個主張『性惡。』除此兩派以外，復有三派。我們看孟子告子篇公都子向孟子所說的一段話，也就可以明白了。公都子說：

告子曰：『性無善無不善也。』或曰：『性可以爲善，可以爲不善。是故文武興則民好善，幽厲興則民好暴。』或曰：『有性善，有性不善。是故以堯爲君而有象，以瞽瞍爲父而有舜，以紂爲兄之子，且以爲君，而有微子啓王子比干。』

這不是明明分出三派嗎？分而列之：

(1)是『無善無惡派；』

(2)是『性可以爲善，可以爲惡派；』

(3)是『性有善有不善派。』

孟子是主性善的；荀子是主性惡的；告子是主性無善無惡，且兼主性可以爲善，可以爲惡的。至於性有善有惡之說，則孔子世碩公孫尼子等的主張，確與之相近。漢以後主張斯說者頗不少，而在周秦以前，則僅有此數。本篇所述的範圍，是僅限於周秦以前，所以專論孟荀告三家，而以呂覽之說附入之。

(二)

先述孟子，孟子因爲重視個人地位，重視個人人格，所以認定人性是善的。他說：

惻隱之心，人皆有之；羞惡之心，人皆有之；恭敬之心，人皆有之；是非之心，人皆有之。惻隱之心，仁也；羞惡之心，義也；恭敬之心，禮也；是非之心，智也。仁義禮智，非由外鑠我也，我固有之也，弗思耳矣。故曰：求則得之，舍則失之。或相倍蓰而無算者，不能盡其才者也。

在孟子以爲仁義禮智，本爲人類本性所固有，但是要盡其才；盡其才，就是盡其性。盡才工夫，在於個人修養；除個人修養外，並且還要有良好的環境和適宜的教育。個人修養不好，或不給他好的環境，好的教育，雖有善的本性，亦復不能存在。所以說：『求則得之，舍則失之。』於是可知善是本性，而不善則由於本人放棄其善而不知求。他曾說：

乃若其情，則可以爲善矣；若夫爲不善，非才之罪也。

後天不善，與先天的本性無關，不能因爲不善，就認定是性之罪。胡適之先生謂：『孟子這一段答公都子的話，可算他論性的總論，』的確不錯。

在胡適之先生中國哲學史大綱內論述孟子說性善的理論，分作兩項：(一)人的本質同是善的，因其中含有幾種善的可能性，何以見得呢？(甲)是人同具官能，因舉孟子『故凡同類者舉相似也』的一段話以爲證。(乙)是人性具有善端，舉孟子『今人乍見孺子將入於井』的一段話以爲證。(二)人的不善，都因爲不能盡其才，不能盡其才的緣故，有三種，那三種呢？(甲)是由於外力的影響，舉孟子『人無有不善，水無有不下。今夫水搏而躍之，可使過顙，激而行之，可使在山』等語，以見水失其本性，由於外力之不可抗。又舉孟子所說『富歲子弟多賴，凶歲子弟多暴，』及播種麰麥與地利天時人事的關係的話以爲證，以見環境之力足以陷溺變更其本性。（乙）是由於本人的自暴自棄，以爲仁義之心，本存於人，因爲自甘放棄良心就不能存在了。（丙）是由於以小害大，以賤害貴，以爲孟子分別大體小體貴體賤體，注重在立乎其大。若是專養小體賤體，就成功了小人；專養大體貴體，就能成功了大人。

〔附註〕以上所說，均見胡著中國哲學史大綱上卷。（胡先生如此敘論已經算很明白透闢了。但我以爲在第（一）項中，還宜補入一層——『人性異於物性』似乎這一層也是孟子說『性善』的要件。看他和告子辨論『性』的問題，極力說『犬之性不同於牛之性，牛之性不同於人之性』可見他是極端主張人性絕不能同於其他物性的。他又說：

形色，天性也，惟聖人然後可以踐形。

焦氏注說：

此言人性之善，異於禽獸也。形色卽是天性，禽獸之形色，不同乎人，故禽獸之性，不同乎人。惟其爲人之形，人之色，所以爲人之性，聖人盡人之性，正所以踐人之形也。

人有人之形，禽獸有禽獸之形。性是附於形以表現的。人形與禽獸形不同，所以人性與禽獸性也不同。孟子因爲特別提高人格，所以不能不有如是主張。本來是片面理由。不過人的本能確也有優異於其他動物之處，如言語本能，思想本能，是顯而易見的。

除胡先生論列孟子說性善的兩項外，我還要補入兩項。那兩項呢？

第一，怎樣能使人性不失其善？這是敘述孟子論保存善性的方法。性的本來，固然是善的；但是如不盡其才，就不能保存其善。所以必定要把本性的善，能永久保存。這一點是孟子所最注重的。他的方法，有屬於積極的，有屬於消極的，約而計之，如次列三種：

（1）是『存』。『存』就是保存。孟子說：

君子之所以異於人者，以其存心也。

又他於論『牛山之木』一段，說：

其日夜之所息，平旦之氣，其好惡與人相近也者幾希；則其旦晝之所爲，有梏亡之矣。梏之反覆，則其夜氣不足以存。夜氣不足以存，則其違禽獸不遠矣。

復引孔子的話說：

又說：

操則存，舍則亡。

人之所以異於禽獸者幾希，庶民去之，君子存之。

因爲如此，所以要注重『求放心』心是指良心而言。良心本是我固有的，但不要把他放棄掉了。所以說：

求則得之，舍則失之，是求有益於我也，求在我者也。

孟子以爲人要保存性的固有善端，最低限度，也必定要做到消極的一個『存』字，否則就要同於禽獸了。可見孟子一方面主張性善，一方面又說善性容易消亡，所以大聲疾呼，警醒羣衆，遂有此等極痛切之語。

(2)是『達』和『充』除『存』以外，還有『達』和『充』兩種工夫。這可說是屬於積極作用方面的。孟子說：

人皆有所不忍，『達』之於所忍，仁也。人皆有所不爲，『達』之於所爲，義也。人能『充』無欲害人之心，而仁不可勝用也。人能『充』無穿窬之心，而義不可勝用也。人能『充』無受爾汝之實，無所往而不爲義也。

(3)是『順』。『順』是順其本性，有因勢利導之意。這是和道家所說，有些相近。他說：

天下之言性也，則故而已矣，故者以利爲本。（集注利之義爲順故虞翻易注謂巽爲利）所惡於智者，爲其鑿也。如智者若禹之行水也，則無惡於智矣。禹之行水也，行其所無事也，如智者亦行其所無事，則智亦大矣。

孟子的意思，以爲言性，只要說『本然』也就夠了。順其故而求之，自得其本，所以拿禹的行水來作比喻，以見其不用『鑿』而用『順』的實例。又如孟子所說『宋人揠苗助長』一段話，也是表明鑿其本性的害處。孟子說到實際『存性』『達性』『充性』『順性』的工夫，又復指出四種；四種之中，也包括積極消極兩項。

(1)是『知性』。知性方法，在於盡心。盡心就是以心制性，所以趙氏注說：

性有仁義禮智之端，心以制之，人能盡極其心以思行善，則可謂之知其性矣。

(2)是『養性』。養性方法，在於存心。存心也就不放其良心。

(3)是『寡欲』。盡心篇上說：

養心莫善於『寡欲，』其爲人也『寡欲，』雖有不存焉者寡矣。

(4)是『定分。』盡心篇上說：

君子所性，雖大行不加焉；雖窮居不損焉『分定』故也。

因爲人既稟受善性，自然要知性養性寡慾以盡其性內所分定之事。雖求之不能必得，有時爲命所限，然也不可不求。因此孟子又論性與命關係，復表示出幾種主張：

(1)是『俟命。』以爲只求盡其天理之當然，一切吉凶禍福，自然是在所不計。

(2)是『正命。』盡心篇上說：

莫非命也，順受其正，是故知命者，不立乎巖牆之下。盡其道者，正命也。桎梏死者，非正命也。

(3)是『不謂命。』盡心篇上說：

口之於味也，目之於色也，耳之於聲也，鼻之於嗅也，四肢之於安佚也；知之於賢者也，聖人之於天道也；命也，有性焉，君子不謂命也。

〔附註〕清儒戴震解釋此文謂：『不謂性，』就是『不藉口於性；』『不謂命，』就是

『不藉口於命。』以爲君子不應該藉口於性，以逞其欲，所以說『性也有命。』同時又要不藉口於命之限而不盡其才，所以說『命也有性。』如此解釋，頗具卓識。這是近於『戡天生義，』比『俟命，』『正命，』又更進一步了。

可是要『知性』『養性』『寡慾』『定分，』又不可不仰賴於『教育』教育設施，在給以好的環境，促起個人的內省。孟子是古今來極注重教育的一個人，所以他說：

君子有三樂……樂得英才而教育之。

又論教育方法說：

君子之所教者五有如時雨化之者，有成德者，有達財者，財與才通有答問者，有私淑艾者。此五者，君子之所以教也。

可知孟子雖主張性善，並非說不待教育而性善能永久保存。滕文公篇內說：

人之有道也飽食煖衣逸居而無教則近於禽獸；聖人有憂之，使契爲司徒，教以人倫——父子有親，君臣有義，夫婦有別，長幼有序，朋友有信。

可見人獸之別，就是在於『有教』和『無教』了。其論教育之效說：

中也養不中，才也養不才，故人樂有賢父兄也。如中也棄不中，才也棄不才，則賢不肖之相去其間不能以寸。

所謂『中』，所謂『才』，皆可認爲是性以內固有之良，不過有時不能『中』，不能『才』，故有須於『養』，以使之復其『中』，復其『才』。賢父兄是指設教育的人，養就是指教育的功用。子弟若是沒有好教育的環境，則賢否之相去，界限本極幾微。

至於孟子所說『求放心』和『自反』這兩層是專指個人修養；然亦必待受過良教育，而後才能有此效果。教育到了深造之境，可以『自得』；自得，卽有左右逢源之樂。惟孟子於普徧教育之中，又未嘗不重視天才教育。他說：『大匠誨人，必以規矩，學者亦必以規矩』這是指一般普通教育說的。他又說：『梓匠輪輿，能予人以規矩，不能使人巧』這就是指着天才教育了。既屬天才，自然也就不能爲普通教法所限。

第二，分性爲若干等級。孟子既注重教育，以求盡性，同時復分性爲數級。盡心篇說：

堯舜，性之也；湯武，身之也；五霸，假之也。

趙注說：

又說：

性之，性好仁自然也；身之，體之行仁，視之若身也；假之，假仁以正諸侯也。

朱注說：

堯舜性之也；湯武，反之也。

性者，德全於天，不假修爲，聖之至也。反之者，修爲以復其性而至於聖人也。

照這樣說來，堯舜是生來性善，不假修爲，而全其德的。所以說：

舜由仁義行，非行仁義也。

又說：

舜之居於深山之中，與木石居，與鹿豕游，其所以異於深山之野人者，幾希。及其聞一善言，若決江河，沛然莫之能禦也。

湯武已經是次一等了，五霸則更次一等。可知同一善性，而後天所費修養的功能，也各有不同。

孟子論性，大致如上所述。以下可以繼續說一說荀子了。

（三）

荀子的根本觀念，是注重『人治，』看輕『天然。』本來儒家的孔孟，與道家的老莊，皆是注重『天然』的；尤其是莊子，對於『天然』更尊重到十二分。到了荀子就一反其所說，看他批評莊子說是『蔽於天而不知人』確是一點不錯。在荀子的意思以爲天與人本不相干，我何必一定去求他呢？只要敬其在己，自不必慕其在天。（見天論篇）所以儒效篇說：

道者，非天之道，非地之道，人之所以道也；君子所以道也。

荀子既把天看得一文錢不值，自然就極端注重『人治』了。

荀子主張『性惡』的理論，可說是純粹從這一點根本觀念發出來的。因爲他把『天然』推倒，則『人爲皆是害的，自然皆是美的』——這個觀念，自然就不能成立。所以荀子所說的『人』，是指組織社會的人，和孟子所說自然的個人的『人』絕不相同。於是荀子論起性來，也就不能不把個人『天性』壓倒，放眼到人類組織社會組織政治一方面去，純粹注重人爲。

我們要明白他的『性惡』的理論，可先考察他所下『性』的定義和『僞』字的解說。性惡篇說：

不可學，不可事而在人者，謂之『性』。可學而能，可事而成之在人者，謂之『僞』。

又正名篇說：

生之所以然者，謂之『性』。性之和所生，精合感應，不事而自然，謂之『性』。性之好惡喜怒哀樂，謂之『情』。情然而心爲之擇，謂之『慮』。心慮而能爲之動，謂之『僞』。慮積焉，能習焉而後成，謂之『僞』。正利而爲，謂之『事』。正義而爲，謂之『行』。

凡屬於先天一部分，不假人爲的，便叫做『性』；凡屬後天一部分，須待人爲的，便叫做『僞』。性發動則爲情，情也是屬於先天的。但是到了心擇慮動的地步，則已經不是先天，而屬於人爲了。所以謂之『僞』。如此說法，界說本異常明晰。不幸後人把『僞』字當作眞僞的『僞』字解，竟至完全講錯了；因此荀子乃受了二千年莫大的寃枉。其實眞僞之僞，古時是用『譌』字，『僞』字是作『造』字講，和『譌』字本不相涉。在荀子的意思，以爲人爲的比天然的好；所以一面說自然的『性』，一面又說人爲的『僞』。自然不如人爲，所以他就論斷下來說：

人之性惡，其善者僞也。

但是性雖惡，也不能就看不起他；因爲『人爲』有性而始成，無性則『人爲』亦不能存在。所以禮論篇說：

無『性』則『僞』之無所加，無『僞』則『性』不能自美，『性』『僞』合，然後聖人之名一，天下之功於是就也。

可是荀子何以要主張『性惡』呢？我以爲他有三種特殊的觀察法：

第一，是認定人類知能是有限度的。他以爲人類皆具有『可能性』，這是不錯的。但是『可以知，』未必就是『知』；『可以能，』未必就是『能』。性不過是具有可以知可以能的質地和工具而已。所以性惡篇說：

夫工匠農賈，未嘗不可相爲事也；然而未嘗能相爲事也。用是觀之，然則可以爲，未必能爲也；雖不能，無害可以爲。然則能不能之與可不可，其不同遠矣。

這是純粹駁孟子良知良能的說法。

第二，是注視在情欲一點。情欲本是性的一部分，荀子以爲若任其發展，不加節制，一定要發生出許多不善的傾向，以至於惡。所以性惡篇說：

今人之性，生而有好利焉；順是，故爭奪生而辭讓亡焉。生而有疾惡焉；順是，故殘賊生而忠信亡焉。生而有耳目之欲，有好聲色焉；順是，故淫亂生而禮義文理亡焉。然則從人之性，順人之情，必出於爭奪，合於犯分亂理，而歸於暴。故必將有師法之化，禮義之道，然後出於辭讓，合於文理，而歸於治。用此觀之，然則人性惡明矣。

他以爲人性不能無情欲，有情欲而不施教化，則結果一定是趨於殘賊淫亂爭奪犯分亂理而歸於暴。那末從情欲上看，人的性惡也就顯然可見了。

第三，是就組織社會的人，加以觀察。社會由人組成，中間必經過若干年的歷史。人不能離羣而獨立，人之在羣，任情縱欲，必至相爭；由此一端，亦可以證明人性之惡。所以教化禮治，皆是爲防止性惡而設。富國篇說：

萬物同宇而異體，無宜而有用，爲人數也。人倫並處，同求而異道，同欲而異知，性也。皆有所可也，智愚同。所可異也，知愚分。勢同而知異，行私而無禍，縱欲而不容，則民心奮而不可說也。如是則知者未得治也。知者未得治，則功名未成也。功名未成，則羣衆未縣也。羣衆未縣，則君臣未立也。無君以制臣，無上以制下，天下害生縱欲。欲惡同物，欲多而物寡，寡則必爭矣。故百技所成，所以養一人也。而能不能兼技，人不能兼官。離居不相待則窮，羣而無分則爭。窮者，患也；爭者，禍也。救患除禍，則莫若明分使羣矣。

可見人在一羣，縱欲是必然之事；欲而不得，則爭，更是當然結果。人類本惡，又何容疑呢？

以上所述，爲荀子主張性惡的絕大理由。然則要救治性惡，又有何方法呢？於是荀子乃主張『教化，』主張『禮治。』教化禮治，固然也可算是廣義的教育；但是和孟子所主張教育的性質卻有一點不同。孟子是主張『養性』『知性』『順性』而歸宿於『自得，』是注重『動機』的，是注重『直覺』的，（雖有寡欲之說，在孟子教育學說中，並不能算重要）而荀子則專注重『經驗，』專注重『效果。』所以教育工夫，在於『積善；』治化工夫，在於『明分。』荀子注重『學，』是和孟子『自反』及『存性』不同；荀子注重『禮，』是和孟子空口講王道不同。所以他在儒效篇上說：

性也者，吾所不能爲也，然而可化也。情也者，非吾所有也；然而可爲也。注錯習俗，所以化性也。并一而不二，所以成積也。習俗移志，安久移質。……涂之人——百姓，積善而全盡，謂之聖人。彼求之而後得，爲之而後成，積之而後高，盡之而後聖。故聖人也者，人之所積也。人積耨耕而爲農夫，積斲削而爲工匠，積反（卽販字）貨而爲商賈，積禮義而爲君子。工匠之子，莫不繼事，而都國之民安習其服。居楚而楚，居越而越，居夏而夏，是非天性也；積靡使然也。故人知謹注錯，愼習俗，大積靡，則爲君子矣。縱性情而不足問學，則爲小人矣。

反覆練習，積聚知識，久之遂成習慣，而性卽可以因之轉移。故注重在『學』。勸學篇說：

學不可以已，青取之於藍而青於藍；冰水爲之而寒於水。

同篇又說：

吾嘗終日而思之，不如須臾之所學也。

又說：

誦數以貫之，思索以通之，爲其人以處之，除其害者以持養之。

至說到爲學之法，則『始乎誦經，終乎讀禮。』爲學之效，則『始乎爲士，終乎爲聖人。』學無止時，『學至乎沒而後止』。學足以美身，是『入乎耳，著乎心，布乎四體，形乎動靜，端而言，蝡而動，一可以爲法則』。學則能積善，所以說：『積土成山，風雨興焉；積水成淵，蛟龍生焉；積善成德，而神明自得，聖人循焉』。學則聞古人之言，近君子之居，可以改移本性，所以說：『蓬生麻中，不扶自植』。（以上所引，均見勸學篇）荀子論爲學之道，真算是十分精密了。他既主張用學以易性，則性雖惡，自然也就無害於人。

我們若把荀子的主張，取來和孟子『求放心』的說法相比較，則可知他們兩個人對於學的觀念，大不相同。

荀子以爲改性之法，不僅在於『學以積善』的一種教育，還要賴乎『禮治』。本來在孔子時代所說的禮，是具有三種功用：（一）涵養情緒，所以多和樂相合；（二）是節制欲望；（三）是規定名分。到了荀子，乃竟至變本加厲，專就『節制』『明分』兩種功用，特別發揮。所以說：『人道莫不有辨，辨莫大於分，分莫大於禮』。（成相篇）又說：『致明而約，甚順而體，請歸之禮』。（賦篇）荀子如此說『禮』，簡直是和『法』相近了。所以他的弟子韓非李斯，就由儒家一變而爲法家，是荀子介乎儒法中間，我們大可以說他是一個過渡人物。且看他敍述禮的起源一段話：

人生而有欲。欲而不得，則不能無求。求而無度量分界，則不能不爭。爭則亂；亂則窮。先王惡其亂也，故制禮義以分之，以養人之欲，以給人之求。使欲必不窮乎物，物必不屈於欲，兩者相持而長，是禮之所由起也。（禮論）

他因繼續論禮的效用說：

故禮者，養也；君子既得其養，又好其別。曷謂別？：曰貴賤有等，長幼有差，貧富輕重，皆有稱者也。（同上）

這是和富國篇所說：『男女之合，夫婦之分，婚姻聘內，納同字送逆無禮。如是則人有失合之憂，而有爭色之禍矣。故知之者爲之分也』一段的話，是一個意思。

講到此處，我們也可以明白荀子和孟子二人根本觀念不同之點了。孟子注重『天然』；荀子注重『人事』。孟子重視『動機』，重視『直覺』；荀子則重視『效果』，重視『經驗』。孟子重教育而範圍狹；荀子重教育而範圍廣。孟子空言『王道』；荀子則擴充禮治而漸近於『法治』。孟子所述說的『人』，是自然的個人的『人』；荀子所觀察的

『人』則是組織社會的『人』。孟子所觀察的人性，範圍太廣，把後天理性一部分完全加入（如良知良能）荀子觀察人性範圍較狹，是把理知一部除去，而專就情欲及可能性以立說。因爲有這幾種不同的觀念，所以就一主『性善』一主『性惡』遂令數千年來打不了的官司，至今尙未能完全判結。

可是荀子論性，也有兩點是和孟子同的。那兩點呢？

（一）是主張『節欲，』不主張『無欲。』荀子旣以情欲出於天性，認爲是人生不能免掉的一種東西。所以論到爲治，決不主張無欲。以爲欲雖多，只要有節，也復無害。而節欲的方法，就公衆言，則在於禮教；就個人言，則在於爲學，在於積善。這皆是藉後天的經驗，用以發展心力。因爲心是各種精神的主宰，所以荀子特別注重。正名篇說：

欲過之而動不及，心止之也；欲不及而動過之，心使之也。心之所可，中理，欲雖多，奚傷於治？心之所可，失理，欲雖寡，奚止於亂？

欲不怕多，只看『心之所可』的中理不中理，這是和孟子答『齊宣王問寡人好色好貨』的說法一樣。好色好貨，皆是一種欲；但是能居心做到與民同欲的地步，卻也很好。因爲能照『與民同欲』一路上做去就是『心之所可中理，』自然是『同欲』不是『私欲』了。

〔附註〕清儒戴震作孟子字義疏證力申孟子性善之說排斥宋儒『理欲兩元論』，極言理在欲中，不在欲外，實則同於荀子。

(二)是主張『寡欲』主張寡欲是就個人方面修養說的，不是就爲政一方面說的。

荀子正名篇說：

心平愉，則色不及傭，而可以養目；聲不及傭，而可以養耳；疏食菜羹，而可以養口；麤布之衣，麤紃之履，而可以養體；屋室廬庾，葭稾蓐，尙机筵，而可以養形。故無萬物之美而可以養樂；無勢列之位，而可以養名。

此和孟子『養心莫善於寡欲』之說，絕相類。其意在於守身修德，不流淫逸，和孔子所說『士志於道，而恥惡衣惡食者，未足與議也』的意思，也很相同。若是由寡欲推到無欲絕欲，如道家所主張，那就大反生生之道，不可以通了。如若因爲不通，特於『欲』外找出一個『理』，如宋儒之所主張，那就更不可通了。本來理在欲中，不在欲外，荀子固然說得很明白，就是孟子也復說得很明白。清儒戴震對於宋儒大加攻擊，就是因爲宋儒所說，異於孟子，此是後話，俟下文再說。

又戰國時有呂不韋者，聚許多有學問的人，著成一部書叫呂氏春秋（後世簡稱做呂覽）書中也有關於論性情欲的話，現在可附帶引在下面：

天生人而使有貪有欲。欲有情，情有節，聖人修節以止欲，故不過其情也。故耳之欲五聲，目之欲五色，口之欲五味，情也。此三者貴賤愚智賢不肖欲之若一，雖神農黃帝，其與桀紂同。聖人之所以異者，得其情也。

他是說，人有欲有情，是一定而不移的；既有情欲，就不可不加以節制。此和荀子所說相同。可以算他是『性惡論』的別支。

（四）

繼此可以說一說告子了。

〔附註〕告子和孟子同時，次序本應在荀子之前，惟因敘述便利起見，特改列入荀子之後。

告子敢悍然和孟子辨論，可見他在當時知識界，一定是有相當的地位。況且孟子論不動心，也很推重他，有『告子先我不動心』的話。據崔述說：

> 孟子之闢楊墨，因以得辨之名也。果何在乎？曰：知楊墨則知孟子之闢楊墨矣。漢人之所謂道德名法，卽楊墨也。……由是言之，孟子書中凡所辨者，多楊墨之說，不必其明言楊墨也。是故『性之猶杞柳，』『猶湍水，』『生之謂性，』『食色之謂性』皆楊氏之說也。

（崔東壁遺書孟子事實錄）

崔氏所說，不免近於主觀的推論，未必卽有若何根據。但是我們也可想見告子之說，一定是大有來源。觀公都子列舉三種論性主張以問孟子，則告子學說的價值也就可以推想而知了。

告子論性的主張，可以分爲兩項：

（一）是認性爲『無善無不善』，所以他說：

> 生之謂性。

這和白虎通義所說：『性者生也』（情性篇，）禮記樂記鄭注所說『性之言生也』相同。『生』和『性』古字本通用，所謂『生之謂性，』猶言『性之謂性。』意謂『當就性言性，其所謂善不善，自非性中所有』（見孟子俞氏注）這是純粹就生活本源一方面說的，自然是無善不善。告子又說：

食，色，性也。

『食』『色』就是『飲食男女』這兩樣，不僅是人類通性，並且是一切生物的通性。可以說是生活之根。保身殖種，皆是賴有此兩樣；而爭奪禍患也是由此而起。自然說不出他什麼善惡。但是反過來說，也可說是『可以善可以惡』所以告子又有第二項主張。

（二）是認性爲『可以爲善可以爲不善』性可以爲善可以爲不善之說，本是由第一項『無善無惡說』引伸出來。告子說：

性，猶杞柳也；義，猶桮棬也。以人性爲仁義，猶以杞柳爲桮棬。

他是以人性爲材，仁義爲器，性不過爲成器的材料，並不能說他就是『器』所以可以爲善，也可以爲不善。又說：

性，猶湍水也，決諸東方則東流，決諸西方則西流。人性無分於善不善，猶水之無分於東西也。

這是說人性隨物而化，本無善不善之可言。

平心而論告子論性的主張，又何嘗不對呢？不過他對於性的觀察論斷：(一)是專就生活本源上立說；(二)是專就生物通性上立說；(三)是專就材質上立說。他並沒有把人性特別提高，所以猶覺得和孟子所主張的不同。

至於告子謂：『仁內義外』是說仁愛之德，發於性天，理義之德，成於修養。也是不大錯的。仁愛的結果，不一定就是好，可是他卻隨有生以俱來；義則爲理智所表見，純由後天知識經驗構成，所以不能認他爲完全出自先天。但是人類也必定要有構成理性的本能，而後理性才能發展，此一層告子卻未見到。我們且看他答辯孟子的話，說：

吾弟則愛之，秦人之弟則不愛也，是以我爲悅者也，故謂之內。長楚人之長，亦長吾之長，是以長爲悅者也，故謂之外也。

『以我爲悅』，是屬於主觀方面，以分別愛的等差。『以長爲悅』，是屬於客觀方面，以見義是由於比較。愛是有我而後發，義是因人而後顯，因此就可以證明其一爲先天，一爲後天。

第三篇

在戰國以前，關於論性學說，曾經立下了五大幹部（但亦可併合爲四）；惟後世繼其說者，均不免小有變遷。本篇則統括由漢至唐一大部分的論性學派，分作五節，逐一敘述如次。

（一）

孟子以後，主張『性善說』的，在唐以前，可以分爲四派：

（一）爲陸賈的『察性說』。陸氏的說法是：

天地生人也，以禮義之性。人能察己所受命則順，順之謂道。

這是由孟子『正命說』繽繹而來，由順性進而至於察性。以爲人類本是善的；但在已要能自察；能察性，才能順性，能察能順，就可以爲道了。其實這種話，說得極不通，王充已經痛駁過了（近世章太炎先生也有文駁他）。

（二）爲淮南子的『性欲二元論』。淮南子這部書，本非出於一人之手，所以稱爲雜家；但是仍以道家爲主體。道家論性，自來卽分性欲爲二元。以爲『性』是屬於自然一部分，皆是善的；『欲』是接觸外物而後發，皆是惡的。淮南子繼承這種思想，自然也是這樣主張。他說：

清淨恬愉，人之性也。

又說：

人性理平，嗜欲害之。

此與老莊所說，大致相同。勉强可以附入性善論一派。可是，他實在不是繼承孟子的。

(三)爲班固的『性情二元論』。白虎通義一書本是班固纂的，現在可假定說是班固的學說。他說：

性，者陽之施；情者，陰之化也。人稟陰陽氣而生，故人懷五性六情。情者，靜也；性者，生也。此人所稟六氣以生者也。故鈎命訣曰：情生於陰，欲以時念也；性生於陽，以理也。陽氣者仁，陰氣者貪。情有利欲，性有仁也。

他說是『性有仁，情有欲，』明明承認性是善的，情是惡的。因此又可稱爲『性善情惡說』。

至謂性生於陽，情生於陰，那正是漢人神祕的氣味。因此又可稱爲『性陽情陰說』。

（四）爲李翺的『復性說』。唐代李翺亦有情惡性善之說，固然一面是啓源於白虎通義，一面卻雜入佛家的思想。因而主張『充性』主張『復性』且看他的復性書上說法。他說：

人之所以爲聖人者，性也；人之所以惑其性者，情也。喜怒哀懼愛惡欲，七者皆情所爲也。情旣遷，性斯遷矣；非性之過也。七者循環而交來，故性不能充也。水之渾也，其流不清；火之烟也，其光不明。非火水清明之過；沙不渾，流斯清矣；烟不鬱，光斯明矣；情不作，性斯充矣。

他主張『情不作則性斯充』，試問世界可有這樣的人類麼？他認定性是絕對的善，情是絕對的惡，如欲『復性』，惟有『絕情』。這是和老佛所主張一樣，當然和孟子所持性情才皆善之說，不甚相同。

（二）

荀子以後，主張性惡說的，在唐以前，有董仲舒。董氏本是帶有道士氣的儒家，胡適之先生稱他爲『新儒家。』他的論性，表面上很像折衷孟荀兩家的樣子，而實際卻是和荀子相近。並有一部分和告子之說相近。我們且看他的春秋繁露上種種說法。他說：

今世闇於性，言之者不同，胡不試反性之名？性之名，非生與？如其生之自然之資謂之性，性者質也。詰善之質於善之名，能中之與？既不能中矣，而尙謂之質善？何哉性之名，不得離『質』，離質如毛，則非性矣，不可不察也。

這是駁孟子性善的主張，自家却先下性的界說，謂：『生之謂性，』『性卽質；』既以性爲『質』，質是附着於生理方面的，如孟子性善之說當然不能適用。

（附註）董氏謂生之謂性，和告子相同。

他又以禾米爲喻，說：

性比於禾，善比於米。米出禾中，而禾未可全爲米也。善出性中，而性未可全爲善也。

這和荀子所說『可知』未必就是『知，』『可能』未必就是『能』的意思一樣。董氏又說：

孔子曰：『名不正，則言不順，』今謂性已善，不幾無教而如其自然，又不順爲政之道矣。且名者性之實，實者性之質，無教之時，何遽能善？

他並且就訓詁方面，加以解釋說：

民之號，取之瞑也。使性而已善，則何故以瞑爲號？

如此說來，董氏已經明明白白主張『性惡說』了。

董氏以爲因爲人性是惡，所以才需着教化。若果性已善，教化也就可以不要了。所以他說：

身之有性情也，若天之有陰陽也。言人之質而無其情，猶言天之陽而無陰也。窮論者，無時受也。名性不以上，不以下，以其中名之。性，如繭如卵；卵待覆而爲雛，繭待繅而爲絲，性待教而爲善。此之謂眞天。天生民性，有善質而未能善，於是爲之王以善之。此天意也。民受未能善之性於天，而退受成性之教於王，王承天意以成民之性爲任者也。

董氏論性，注重一個『質』字，一個『教』字。性爲質，所以不能善，所以必待於『教』。王充在論衡內，曾有一段話批評他的主張，說：

董仲舒覽孫孟之書，作情性之說，曰：『天之大經，一陰一陽；人之大經，一情一性。性生於陽，情生於陰。陰氣鄙，陽氣仁。曰「性善者，是見其陽也；謂惡者，謂見其陰者也。」』若仲舒之言，謂孟子見其陽，孫卿見其陰也。處二家各有見可也。不處人情性。情性有善有惡未也。夫人情性，同出於陰陽，其生於陰陽，有渥有泊；玉生於石，有純有駁；情性於陰陽，安能純善？仲舒之言，未能得實。

看這樣說法，董子也是主張『性陽情陰說』『性善情惡說』了。惟如王充所引董子之言，並不見於春秋繁露。蓋王充之意，以性爲一，而有善有惡，判然以分；若分於陰陽，離而爲二，則殊覺未當。

（三）

告子以後，發揮性『無善無惡說』『可善可惡說』的，則有揚雄『性善惡混』的主張。法言修身篇上說：

人之性也，『善惡混』。修其善則爲善人，修其惡則爲惡人。氣也者，所適善惡之馬也歟。

范靜生先生解之，謂：『人性中原有善惡二原子，氣則爲原子之震動。或動而適於善，或動而適於惡，皆性中所本有。卽善惡兩要素同時存於性中。』（見范著倫理學精義）

揚子也是主張用教育方法以修養其性的，所以學行篇上說：

學者所以修性也。視聽言動，性所有也。學則正，否則邪。

人性因學不學而分正邪，亦猶之湍水因決而分東西。惜乎法言中關於論性之說不多，無從作精詳的論證。但是告子以後，繼起有揚子，總算是『吾道不孤』了。蓋有了揚子，不但性無善無不善之說，賴此以繼承，即性可善可惡之說，亦復因之而不墜。

(四)

性有善有惡說，始於孔子，世碩，繼之者有公孫尼子；蓋在戰國性善性惡等說，尚未大興，以前學者相傳，只有此數。由漢及唐，繼承其統者，可以分爲兩大派：

(一)純粹的『性有善惡論』 王充主之。王充論性，專主世碩，公孫尼子之說；對於戰國以前孟子，告子，荀子，漢以後陸賈，董仲舒，劉向之說，皆加以批評，致其不滿。其說詳見於論衡本性篇。其總結論有幾句話說：

自孟子以下，至劉子政，鴻儒博士，聞見多矣，然而論情性竟無定是；惟世碩公孫尼子之徒，頗得其正。由是言之，事易知，道難論也。

〔附註〕王氏所以推崇世碩論性，因爲世子所主張的是『性一元論』；蓋以人之受性一也，或爲善，或爲惡，各人不同，視乎所養。若董仲舒謂『性有貪仁』，揚雄謂『性中善惡混』，皆是認性爲含有『善惡二元』，皆爲王充所不取。

王氏的論性主張，具見於論衡本性篇末一段。玆錄其文如下：

人性有善有惡，猶人才有高有下也。高不可下，下不可高。謂性無善惡，是謂人才無高下也。稟性受命，同一實也。命有貴賤，性有善惡。謂性無善惡，是謂人命無貴賤也。九州田土之性，善惡不均，故有黃赤黑之別，上中下之差。水潦不同，故有淸濁之流，東西南北之趨。人稟天地之性，懷五常之氣，或仁或義，性術乖也；動作趨翔，或重或輕，性識詭也；面色或白或黑，身形或長或短，至老極死，不可變易，天性然也。

他是以人性本來不可齊一，如性術性識天性，各人生來卽不一樣，自屬當然之勢。並且以孟子所言——『性善說』是指中人以上而言。荀子所言——『性惡說』，是指中人以下而言。揚子所言——『善惡混說』，是指中人而言。惟有世碩公孫尼子之說，合於理而不偏。——他對於這兩個人，既已十分推重，因而對於孔子『中人以上，可以語上；中人以下，不可以語上』及『惟上智與下愚不移』數語，亦復大加許可，所以有『孔子道德之祖，諸子之中最卓者也』之言。於此亦就可以推知他的態度了。

可是王充雖認定人性是有善有惡，而亦不主張廢去教育。他說：

論人之性定，有善有惡，其善者固自善矣，其惡者，故可教告勉率，使之爲善。（率性篇）

並且以田土樹藝爲喻說：

肥沃墝埆，土地之本性也。肥而沃者，性美，樹稼豐茂；墝而埆者，性惡，深耕細鋤，厚加糞壤，勉致人功，以助地力，其樹稼與彼肥沃者相類似也。

他且極重視環境，認環境與本性變遷，關係極大。以人性比之蓬紗，總看後天漸染的怎樣。率性篇說：

蓬生麻中，不扶自直；白紗入緇，不練自黑。彼蓬之性不直，紗之質不黑，麻扶緇染，使之直黑。

（二）性分品級說，創之者爲漢荀悅，繼之者有唐韓愈。但荀悅以前復有賈誼劉向，亦曾主斯說；惟未十分完全。

賈誼論性，有見於新書道德說的，有見於新書連語的。道德說所載，以性爲六理之一，且以性爲神氣之所會。我們也可叫他爲『神氣二元論』惟語義頗晦塞不易明。至連語則所說較明晰。雖所論爲人主之等第，却也可認他爲性論。他說：

有上主者，有中主者，有下主者。上主者可以引而上，不可引而下；下主者，可以引而下，不可引而上；中主者，可以引而上，可以引而下。故上主者，堯舜是也；夏禹益后稷與之爲善則行，鯀驩兜欲引而爲惡則誅；故可與爲善，不可與爲惡。下主者，桀紂是也；隰侯惡來進與爲惡則行，比干龍逢欲引而爲善則誅；故可與爲惡，而不可爲善。所謂中主者，齊桓公是也；得管仲隰朋，則九合諸侯；豎貂易牙則餓死胡宮蟲流而不得葬。故材性乃上主也賢人必合而不肖人必離，國家必治無可憂者也。若材性下主也，邪人必合，賢正必遠，坐而須亡耳，又不可勝憂矣。故其可憂者，唯中主爾。又似練絲，染之藍則青，染之緇則黑，無善佐則亡，此其可憂者耳。

如此說來，也就是上智與下愚不移之義了。

劉向之說，極爲荀悅所稱，申鑒雜言篇內曾引劉氏的話說：

劉向曰：『性情相應，情不獨善，情不獨惡。』

此可稱爲『性情感應說。』荀悅對於向言，極端贊成，因有『惟向言爲然』之語。於此也可見其推崇的態度了。惟劉向論性之說，說苑及新序均不多見。除由申鑒所引數語外，復有王充論衡本性篇所引一節，其文如下：

劉子政曰：『性生而然者也，在於身而不發。情接於物而然者也，出形於外。形外則謂之陽；不發則謂之陰。』

於是可以明白『性情相應』之理，我們也可以叫他做『情陽性陰說，』是則和白虎通義『性陽情陰說，』又完全相反了。

繼此，我們可以專把荀悅的論性學說，敘述一下。荀氏論性，多見於申鑒雜言篇，他比較舊說特加發揮的有兩點：

(1)是認定『形神爲性。』因詳言形神和性情有密切不可離的關係，所以說：

凡言神者，莫近於氣，有氣斯有形，有形斯有好惡喜怒之情矣。故人（人當作神）有情，由氣之有形也。氣有白黑，神有善惡，形與白黑偕，情與善惡偕。故氣黑非形之咎；情惡非情之罪也。

他是以形爲氣之所附，以神爲情之所憑，形因氣而成黑白，神因情而有好惡。神有善惡，所以情也偕之有善惡。這是純粹依據賈誼『神氣相會』的說法，並用以發揮劉向『性情相應』之說。

(2)是詳申劉向『情不獨惡』之義。他說：

或曰：『人之於利，見而好之，能以仁義爲節者，是性割其情也。性少情多，性不能割其情，則情獨行爲惡矣。』曰：『不然，是善惡有多少也，非情也。有人於此，嗜酒嗜肉，肉勝則食焉，酒勝則飲焉，此二者相與爭，勝者行矣。非情欲得酒，性欲得食也。有人於此，好利好義，義勝則義取焉，利勝則利取焉，此二者相爭，勝者行矣。非情欲得利，性欲得義也。其可兼者，則兼取之；其不可兼者，則隻取重焉。若二好均平，無分輕重，則一俯一仰，乍進乍退。』

他是根本上不承認性善情惡之說，並且不承認把性情分作兩橛，所以對於劉向『性情相應，情不獨惡』之說，極端贊成。以爲性是統有形神的；神之發，由於氣；氣之現，由於形。神是屬於心理方面，所謂精神的；形氣是屬於生理方面，所謂物質的。可是生理心理，關係密切，動作相應，不可以分。神之發卽爲好惡之情，而此神此情之所由表現，又不能離乎氣，離乎形。所以情發而好惡著，其源並不在情。折衷論斷，只能說『情與善惡偕』不能說『情是有惡而無善』。至於中間或善勝或惡勝，則又視乎氣之相爭；這就是指先天意志不自由的一部分而言，其間並不雜入後天的理智。比如爲饑而思食，或吃肉，或吃飯，卻不一定，可是吃飯有利，吃肉有害，在後天理智方面可以容易區別得出；若是專就先天之情以言，則區別頗難，此時惟有受支配於介乎生理和心理間一種半心半形的盲目作用，以決定取舍。這種議論，比較的總算很爲近理了。

荀氏既有以上兩種主張，因而遂有性分九品之說。雜言上說：

或曰：『善惡皆性也，則法教何施？』曰：『性雖善，待教而成；性雖惡，待法而消。惟上智與下愚不移，其次善惡交爭，於是教扶其善，法抑其惡，得施之九品：從教者半，畏刑者四分之三，其不移者，大數九分之一也；一分之中，又有微移者矣。然則法教之於化民也，幾盡之矣。及法教之失也，其爲亂亦如之。』

荀氏把性分作多品此不過是一種假定，一種推測，並無何種充分理由。惟論『教以扶其善，法以抑其惡，』卻是切於實際，如此又和荀子之說相近了。

唐韓愈尊儒闢佛，慨然以道統自任，他的論性，原於劉向荀悅，且看他的原性篇所說：

性也者，與生俱生者也；情也者，接於物而生者也。性之品有三，而其所以爲性者五；情之品有三，而其所以爲情者七。曰：何也？曰：性之品，有上中下三。上焉者，善焉而已矣；中焉者，可導而上也；下焉者，惡焉而已矣。其所以爲性者五：曰仁，曰義，曰禮，曰智，曰信。上焉者之於五也，主於一而行於四；中焉者之於五也，一不可有焉，則少反焉，其於四也混；下焉者之於五也，反於一而悖於四。情之於性視其品，情之品有上中下三；其所以爲情者七：曰喜，曰怒，曰哀，曰懼，曰愛，曰惡，曰欲。上焉者之於七也，動而處其中；中焉者之於七也，有所甚，有所亡；下焉者之於七也，亡與甚，直情而行者也。情之於性視其品。

韓愈分性情爲三品，認定所以爲性者五，而以仁義禮智信爲性之質；所以爲情者七，而以喜怒哀懼愛惡欲爲情之質。是認性之本質爲善；認情之本質在可善可惡之間，分別不出善惡。三品之分，仍是由於性情發動後所觀察的結果。在韓子之意，以爲性雖分出高下，但下性也可以用人力來轉移。所以說：

上之性就學而愈明；下之性畏威而寡罪。是故上者可教而下者可制也。（原性）

意謂下品之性，雖不可以教化；然而可以刑制。是又以性的品級分出人類的階級了。

他的原性文中並且批評孟子荀子揚子之說，謂其『舉其中而遺其上下，得其一而失其二』，並舉出古籍中所載叔魚楊食我越椒后稷文王朱均管蔡諸人以爲例證，此則半屬於神話，半屬於傳聞，殊無何等價值。

（五）

此外如道家佛家以及道士派的論性學說，除淮南子王充兩派已見前文外，茲再就漢以後唐以前的，略舉出數派，以爲代表。

（一）王弼的『虛無論』一派。他在老子注內表示其論性之主旨甚多。茲可就所注各章，列舉如次：

十章『專氣致柔能嬰兒乎？』句下注云：

任自然之氣，致至柔之和能若嬰兒之無所欲乎？則物全而性得矣。

同章『畜之』句下注云：

不禁其性也。

十六章『復命曰常』句下注云：

復命則得性命之常。

十七章『信不足焉有不信焉』句下注云：

夫御體失性，則疾病生。

二十章『衆人皆有餘而我獨若遺』句下注云：

我獨廓然無爲無欲，若遺失之也。

同章『我愚人之心也哉！』句下注云；

絕愚之人，心無所別析，意無所好欲，猶然其情不可覩，我頽然若此也。

二十五章『人法地地法天天法道道法自然』句下注云：

道不違自然，乃得其性。

二十七章『善言無瑕謫』句下注云

順物之性，不別不析，故無瑕謫，可得其門也。

二十九章『不可爲也，爲者敗之，執者失之』句下注云：

萬物以自然爲性，故可因而不可爲也，可通而不可執也。物有常性而造爲之，故必敗也。物有往來而執之，故必失矣。

四十一章『夷道著纇』句下注云：

纇，坰也。大夷之道，因物之性，不執平以割物，其平不見，乃更反若纇坰也。

四十五章『大盈若冲，其用不窮』句下注云：

大盈冲足，隨物而無愛矜，故若冲也。

四十七章『不爲而成』句下注云：

明物之性，因之而已，故雖不爲，而使之成矣。

四十九章『聖人皆孩之』句下注云：

皆使和而無欲，如嬰兒也。……

五十二章『塞其兌，閉其門』句下注云：

兌，事欲之所由生；門，事欲之所由從也。

五十五章『含德之厚，比於赤子』句下注云：

赤子無求無欲，不犯衆物。

老子是主無爲，主絕慾，王弼能明其大義，所以有『因性』『得性』『不禁其性』『無欲』的等等說法。以爲性之所以能保存，則惟有『絕欲』一個法子。所以必如嬰兒，必如赤子，乃可以無求無欲。

郭象注莊子，其所發揮斯義的地方，亦復不少，茲不具引。

（二）嵇康的『養生論』一派。嵇康宗老莊之旨，崇尙自然，其論性與王弼之旨相合。著有養生論等文。我們先看他那論君子無私文，其中有一段說是：

夫氣靜神虛者，心不存於矜尙；體亮心遠者，情不繫於所欲。矜尙不存乎心，故能越名教而任自然；情不繫於所欲，故能審貴賤而通物情。物情通順，故大道無違；越名任心，故是非無措也。

所謂不繫於所欲，也就是和窒情絕欲的主張一樣。

他的養生論是大倡『修性』之旨。謂：『導養得理，以盡性命，可以獲壽』。並引神農之言說：

上藥養命，中藥養性。

其結論的主張在於『淸虛靜泰，少私寡欲』。是又未免近於神仙派的說法了。

(三)葛洪的『神仙論』一派。葛洪著抱朴子一書，專論神仙修養之法。其關於論性的話說：

人能淡默恬愉，不染不移，養其心以無欲，頤其神以粹素，掃滌誘慕，收之以正，除難求之思，遺害眞之累，薄喜怒之邪，滅愛惡之端，則不請福而福來，不禳禍而禍去矣。（道志）

又說：

學仙之法，欲得恬愉澹泊，滌除嗜欲，內視反聽，尸居無心。（論仙）

所謂『薄喜怒之邪，滅愛惡之端』，所謂『滌除嗜慾，尸居無心』，總結一句話，還是『絕欲』二字。

(四)傅嘏的『才性論』一派。這一派有傅嘏鍾會阮武劉劭諸人，大都也是純尚老莊，好論情性，後世把他列入名家，似乎有點不對。鍾會著四本論，阮武著興性論，其書今皆不傳。惟劉劭的人物志尚在；其書共十二篇，大致推論性情之原，用以察人物之材能心向。其九徵篇上說：

蓋人物之本，出於情性。情性之理，甚微而玄，非聖人之察，其孰能究之哉？凡有血氣者，莫不含元一以爲質，稟陰陽以立性，體五行而著形。苟有形質，猶可卽而求之。

他是主張依人的形質以察其才性。因而就人的質量立下一個『中和』的標準。所以又說：

凡人之質量『中和』最貴矣。『中和』之質，必平淡無味。故能調成五材，變化應節。是故觀人察質，必先察其平淡，而求其聰明。

他以爲中和之質，一定平淡；由這個『平淡』變化應節，可以就此求其聰明。因此大別人物爲兩種：一是『明白之士』，一是『玄慮之人』。於是繼續說道：

明白之士，達動之機，而暗於玄慮；玄慮之人，識靜之原，而困於敏捷。

劉氏又就五行推論到人體的五物，五物就是骨，筋，氣，肌，血；而以木，金，火，土，水配合之。復就五物推論到五德，就其所說，分列如次：

『骨』植而强者，謂之宏毅。宏毅也者，『仁』之質也。

『氣』淸而朗者，謂之文理。文理也者，『禮』之本也。

『體』端而實者，謂之貞固。貞固也者，『信』之基也。

『筋』勁而精者，謂之勇敢。勇敢也者，『義』之決也。

『色』平而暢者，謂之通微。通微也者，『智』之原也。

這是純就體質觀察人性，以判其德行。又可就『心質』以察其『儀』，於是說：

心質亮直，其儀勁固。

心質休決，其儀進猛。

心質平理，其儀安閒。

若是儀動則成『容』。就『容』也可分各種態度，列其說如次：

直容之動，矯矯行行。

體容之動，業業蹌蹌。

德容之動，顒顒卬卬。

容的動作，是發乎心氣，氣合則成『聲』。就『聲』也可以分出『和平』『清暢』『回衍』三種。聲又存於『色貌』就『色』又可分出『溫柔』『矜奮』『明達』三種。由『色』復可以見『情』，可以見『味』而情之發，則在於『目』。他又由形論到『神』『精』兩項，因把『神』『精』『筋』『骨』『氣』『色』『儀』『容』『言』湊成九種，所以叫做『九徵』。這是純就生理心理兩方所表見的，用以觀察人的行爲，結論遂就人的才性，以分五類，如九徵皆至，便爲『中庸』中庸是最上品；次則『德行』次則『偏材』再次則『依似』再次則『間雜』。偏材以下，皆與『九徵』有違。

觀其所論，大致是就生理心理兩方面所表見的情態，用以考察人的品質行爲，並且雜入些陰陽五行之說。似乎與心理教育學稍稍有一點關係，但和專門論性的不同。且其言多不免近於穿鑿附會。今日迷信社會中，如所謂麻衣柳莊等一派謬妄的相法書，或卽導源於此也未可知。

（五）佛氏的「心理學」一派。佛自漢明帝時，已經入了中國，至六朝時乃盛行。其中派別甚多，就大類分之則有成實宗，三論宗，涅槃宗，地論宗，淨土宗，禪宗，攝論宗，俱舍宗，天台宗——九大派。我曾聲明過，對於佛學，毫無研究，當然不敢妄有所論列。茲僅就謝先量先生所著中國哲學史中論述宗密原人論一段，錄其全文以資充數。其文如下：

宗密原人論，實綜古來論性諸家，而自創一說。蓋先破儒教道教小乘大乘諸宗所說，而乃自下心性本源之定義。今約舉其意：（一）非儒老曰：儒老二教，皆言天地萬物，由生於元氣，萬物所以相異，因於時命不同。此說有四失：元氣既是生死之源，常存之基，則禍亂凶愚，終不可除。一也。又如此說，則人生不由因緣，自然生化，既無因緣，則木應生草，草應生人。二也。元氣未曾習慮，何故嬰孩便知愛惡？若言神智欻有，則德藝亦可不待因緣學成。三也。人死則復還元氣，何處復有鬼神？四也。（二）非人天教曰：人天教以一切萬物，皆業所生；或生人間，或墮禽獸，皆過去業所爲。然造業者誰耶？如以我身心能造業，身死誰受其報？若云後身受報，則修福者屈甚，造業者幸甚，太無道矣。（三）非小乘教曰：小乘教以人間由身心相續，身有地水大風，心有受想行識，執之爲我，以致輪迴，謂須修無我之觀，灰身滅智乃能斷苦。然謂身心相續，則身心自體須無間斷，色心本無，爲何持得此身，世世不絕耶？（四）非大乘法相教及破相教曰：大乘法相教以一切有情無始以來，有八種識，而第八『阿賴耶識』爲根本，以生七識，皆能變現自分所緣，如目視色，耳現聲，都無實法，如夢如幻，我身亦然，皆由識起也。大乘破相駁之曰：一切現象皆虛妄，則『阿賴耶識』亦虛妄也。夢中不能辨真僞，是真僞皆虛妄也。一切諸識，由因緣生，心境皆空，方是大乘實理。身亦是空，空卽是本；然心境皆空，則知空者誰耶？又實法何得由非實法者而現耶？法鼓經曰：一切空經，是有解說。大品經云：空是大乘之初門。於是宗密乃自示其『一乘顯性教』，卽以一切有情，皆有本覺之真心，無始以來，昭然不昧，是名『佛性』，又名『如來藏』。然爲妄想所翳，不自覺知，但認凡質，遂至淪墮，受生始苦。乃言曰：須行依佛行，心契佛心，反本還源，斷除凡習，損之又損，以至無爲，自然應用恒沙，名之曰『佛』。當知迷悟同一真心，大哉妙門，原人至此。宗密原人之要，具於此矣。蓋諸教之中，亦各有真理，不過各見一偏，未識本源耳。所謂『如來藏』者，無始無終，不增不滅，不覺念起，而有妄想與真心。非一非異，名『阿賴耶識』。由妄起種種業，由不覺自心妄現，執有憎癡，作業變報，轉於六道。一切諸法，不外四大，四大不外一元氣，故知諸教所說，亦如其真理也。

〔附註〕宋儒論性，和佛家學說關係至爲密切。近代章太炎先生作辨性文，則更專本佛氏之說，用以詮釋性之究竟。可知研究論性學史，對於佛學，萬萬不容忽視。

第四篇

本篇是爲敍述宋元明論性學說而設；但以宋爲正宗，元明兩代，幾幾未能列入。共設十節，可謂極其繁瑣。並非敍述特別加詳，還是因爲材料過多，所以不能不多說一些。各節之中，如朱子一人，已經佔了九千多字。自憾沒有提要鈎玄之能，以致說來漫無紀律。

（一）

宋代哲學稱盛，故比較『性』的研究甚詳。今欲明白宋代各家論性的學說，應先明白宋代哲學的來源及其變遷的大勢。

宋代哲學的來源，本來有兩種：

（1）是淵源於佛教；

（2）是道教再興。

其下手處在『義理』一方面，也可說是漢代『訓詁學』的一種反動。從北宋到南宋，就哲學史觀察起來，可以區分爲三個時期：

第一期，大概是從道教下手。蓋當唐宋攻佁之風極盛，因此道教乃乘勢復興。讀書之士，往往戴上道教的帽子，再行回到儒家。此時所講的一部易經，純粹是『道士易』。如太極圖原是古代道士相傳下來的一種東西，至宋周敦頤邵雍司馬光一班人，乃大信其說；其中很有些『陰陽』『五行』『太極』『無極』的種種話頭。可說是拿『自然天道觀』來做哲學的基礎。邵雍本是一個人格高尚的道士，所以崇拜道教尤甚，因而復用數理來推算歷史遂創出『運』『會』等說。周敦頤作通書，則又聯合『自然』和『人生』，將天人打成一片，以『誠』『中庸』爲天地萬物根本的原理。其說純出於道教。由周氏傳於程顥程頤，則又以『誠』字的一個觀念，應用到人生觀上面去，因而注重『靜』，注重『無欲』，這又不但雜入道教，並且是雜入佛教了。在此時期，哲學甫經萌芽，尚未能完全成立，可稱爲『萌芽時期』。

第二期，所講的則爲大學中庸兩部書。其代表人物有程顥程頤張載。此時期哲學已算完全成立。程顥是提出『天理觀念』，用以包括自然宇宙和人生，因論『誠』的功用，是不動無變，無往不在，感而皆通。從前司馬光論大學的『致知在格物』，把『格』字當作

『扞格』講，『物』字作『物欲』之『欲』講；『格物』就是『扞格物欲。』到了程頤則謂『格』爲『至，』以爲窮理而至於物，則物理盡已經拿大學上這幾句話來做哲學的方法。比較司馬氏就迥然不同了。後來陸王一派，實卽導源於此。比以西洋哲學，則可稱爲『理性派。』程頤的說法又與程顥不同。他說：『卽物而窮其理，』卽從一身中求萬物之理，也是用大學作根本方法；但他是謂『格』爲『窮，』謂『物』爲『理，』因此就開了朱子一派的先河。比以西洋哲學，則可稱爲『經驗派。』

第三期，已經到了南宋，此可稱爲『哲學極盛時期。』大別之有三派：

(1)朱學——朱熹等。

(2)陸學——陸九淵等。

(3)浙學——呂祖謙，陳亮，葉適等。

朱熹是繼承周邵程張之後，發揮光大，以集其成。他的方法，有十二個字：

『窮理以致其知；反躬以踐其實。』

前六字是屬於『知，』後六字是屬於『行。』講『致知』的地方，在大學第五章朱子所補的一段，最關重要。因爲中國思想界八百年來，實在是受他的影響不小。『心』屬於『知，』『物』屬於『理，』也是朱子分的。他說：

卽凡天下之物，莫不因其已知之理而益窮之，以求至乎其極。

看這幾句話，可以明白他的根本主義，並可知道他也是受佛教的影響了。若論朱子哲學重要之點，統括起來可以說有四項：

(1)是用歸納法；

(2)是受禪宗影響；

(3)是用無條理統系的觀察（因爲科學程度太淺）；

(4)縮小物質的範圍。

所謂『卽物窮理，』後來只縮小在讀書一端，範圍就未免太狹了。

再說朱子的宇宙觀，他是認定宇宙萬物的根本，有二個元素——(一)是『理』(二)是『氣。』理爲本，氣爲具。『理』是客觀的理性和知識，就是所謂『法，』所謂『則。』『氣』是主觀的感覺，感情，及運動，就是所謂『質，』所謂『物。』宇宙如此，人生也如此。由他的宇宙觀，應用到人生觀上去，因而就有了三種主張：

(1)是『格物窮理』；

(2)是『主敬』；

(3)是『力行。』

陸九淵的學說，更是完全受禪宗的影響了。他注重在一個『心，』在一個『主觀的心。』所以他說：

心卽理，理卽宇宙。

又說：

學若知本，則六經皆我注脚。

其方法則注重『人格的感化，』『隆師親友。』他是不承認心在理外；以爲只要有良師益友，良心自能出來。朱子批評他，說是：『不知有氣質；』他也批評朱子，說是：『支離。』他拿這個根本的方法——卽極端先天理性主義，應用到人生哲學上，當然是有好處，也有壞處。他所用的心理方法，頗與佛氏同；但是他的精神，則與佛氏異。因爲佛是出世的，他是入

世的;佛是自爲的,他是爲人的。他講『天理,』講『義,』和程朱也不同;可是卻有三種長處:

(1)打破天理人欲之分;

(2)擡高個人地位;

(3)嚴義利之辨。

浙派哲學,可以說是調和朱陸兩派的;其方法和精神,與兩派卻微有不同。他們爲學,是注重歷史經濟文物,在乎實際的應用知識。比以西洋哲學,可說是『功利派。』若以浙派比之朱陸,則朱陸又可統稱爲『理性派,』而浙派則又稱爲『歷史派』或『經驗派』了。

到了元明,程朱一派,頗少傑出之英;陸氏一派,則有王陽明繼起,可說是眞能發揮光大。浙學一派,則有黃梨洲一派繼起。顧炎武亦復受其影響,可以加入浙派範圍。

以上所述,爲宋代哲學大致變遷的情形。本來是和論性沒有什麼大關係。但是因爲敍列宋代論性學說,也就不能不有這一篇小小的引論。

(二)

宋代性的研究,以周張程朱一派爲盛。陸派則比較論心的地方多,論性的地方少。浙派專講實用，論性的地方則更少。

周張程朱一派，對於性的研究，特別注意，特別發展，我以爲是有四種原因：

第一，是因爲受道教的影響。道教本由道家變化出來。道家主張重『自然』，主張『順性，』主張『絕欲，』是認『性』爲『自然』的縮體。到了道教，重養生，重修鍊，純用內修工夫，也是主張全自然之性，去物誘之欲。宋代哲學，開始卽從道教著手，用道家的天道觀，道教的內省法，以組織自然派的哲學的基礎和方法，因此對於性，也就不能不特別注意。

〔附註〕宋鄭樵有『性命之養，求之道家』之語，可見道家對於性命討論亦極精切。

第二，是因爲受佛氏的影響。佛氏研究學問，本有一派是從心理學入手的。宋代學者，往往好與高僧往還，且多精究其理。後來雖不滿於其說，而反觀內省，以明一己心理，則仍多沿用其法。所以對於性的問題，多好加以討論。

第三，是因爲采用大學中庸作方法的影響。大學講『致知，』『格物，』『正心，』『誠意；』中庸講『天命之謂性，率性之謂道，修道之謂教，』講『至誠盡性；』皆是注重個人修養，對於心理，加意講求。宋儒既以大學中庸作方法，所以也就不能不對於『性』的問題，特別加以研究。

第四，是因爲特別注重人生哲學。宋代學者，對於個人道德問題，特別注重；因爲講求如何修養人格的方法，就不能不注意到心理精神方面，而心理精神的根本與行爲善惡，關係最密切的，又莫過於『性；』所以對於性，就不能不細心考察。

在周邵以前，卽所謂濂洛之學，尙未大興以前，曾有作宋學先導的三人——(一)爲孫復，(二)爲石介，(三)爲胡瑗。可是這三位先生，皆是注重躬行實踐，與道教佛教的關係頗少；故論性的地方，也不甚多。在胡瑗雖有『命者稟之於天，性者命之在我，在我者修之，稟之於天者順之』等語，這仍是沿襲漢人舊說，並無特別發明。後來周張二程，特闢出道學理學的一個特別區域，他們雖然以實踐爲歸，但原其道學理學所以成立之故，則確是由道家及道教遞變而來；而佛教的精神，亦復包含在內。他們一方面好探索宇宙萬物的本源，總想得一個最高的概念，因而就提出『太極，』『無極，』『道，』『理』等字；一方面又把這種極抽象的最高概念，由宇宙觀應用人生觀上面，因而復就人類生命的根本——

『性』和天道的根本原理，兩相比擬，於是遂有所謂：『靜，』『善，』『真』……種種話頭出來。可以說，仍襲用道家的舊調。但是儒家是最重道德的，而且是最注重積極道德的。自孔子講明倫常道德以後，有大學中庸兩部書出來，專注重個人的道德，研究到個人心性問題。孟子繼起，更從個人心理方面，講明心性；於是內省方法，乃完全成立。我們看一看儒家和道家，同是注重心性，同是注重道德，而他們兩家最大區別，卻有一點就是儒重積極，道重消極。宋儒雖然受了道家道教的影響，可是積極精神，還算是承襲古代儒家的。在邵雍所持的『自得主義，』『樂天主義，』比較似和道家相近；若周敦頤已經就大不相同；至二程則更是以繼承孔孟自任了。所以他們聯合宇宙人生以論心性，遂就道德方面，特別提出幾個字來，用以包含一切，如所謂：『誠，』『仁，』『敬』等皆是。同時又覺得人生與天道有不同的地方，天道是無不善的，而人生卻是有不善的。因而又把漢代道教相傳下來陰陽五行之說，穿紮起來，並加上易經形上形下的說法，遂有所謂『動靜，』有所謂『天理，』『氣質，』有所謂『天理，』『人欲，』等種種的區別出來。有時並且說入神祕的境界，令人無從捉摸。幸好由北宋至南宋，由周邵至張程，由張程至朱陸，觀其學說逐漸發展，逐漸遞嬗，皆是由天道進到人事，由神祕進到開明，由不易明瞭的玄學，進到切於實際人生的哲學；並且由哲學進到接近科學的心理學。這些形跡，是我們看得出的。後來朱熹陸九淵分派，一是偏重經驗，一是偏重理性。重經驗並不是錯的，就是到了清代考證學大興，還是脫不了朱學的方法。偏重理性，好處固很多；但流弊所及，卻是易流入空虛，輕視實際的知識。明代王學末流，就有這種現象。清儒反對宋學，只可說是反對陸王，卻不能完全說是反對程朱。這一層似乎也要附帶把他辨別清楚才好。

(三)

宋儒論性，是把宇宙萬物的根本原理，應用到人生行爲上面，是把天和人合成一塊，在上文已經略略說過了。這種『天人之際』的學問，在漢代新儒家，卽已有人討論過；再溯其遠源，老莊一派，所主張的，也就是如此。後來道家一變而成道教，討論『天人合一』的道理更詳；其下等的，才講到煉丹修仙。就中較有思想的，大概無不專就『天人合一』的道理，大加發揮。如邵雍周敦頤，就是這一派的特出人物。他們所最注意的，是一部易經。因爲易經所說的，大半爲天道人事相比擬的話，容易取來穿鑿。到了宋儒，又加上『人生行爲論』

一部分，於是『天道』『人生』『道德的修養』——這三大部，就聯成一塊了。現在試把宋儒所習用各名詞，用普通容易明白的意義略略解釋一下，如左所列：

(1)『太極』『無極』——就是『自然』，就是自然的本體，等於老子所謂『無』。

(2)『陰陽』——就是『自然力』動作的現象，如時間的變遷，成爲寒暑代謝；空間現象的變化，成爲萬物生滅。『力』本存在『大自然』之間，活動起來，自然無往而不可分出二種現象——一積極，一消極。這種積極消極的作用和現象，是等於代數學的方程式，無往而不可以分出正號負號。如來往，出入，升降，離距……等，皆可說他是一陰一陽。

(3)『動靜』——就是『自然』動作變化的行止。陰陽是代表動作的兩種現象；但是動作除相對待的兩象外，復有『行』『止』兩象，可以指出。

〔附註〕陰陽的現象，可以爲形容的表示；動靜的現象，可以爲動作的表示。

(4)『五行』——就是『物質』最顯著的，爲金木水火土；若是精密分析起來，也就是近代化學上所列的各種原素。

(5)『氣』——可以說是動力也可以說是由物質所發出的一種現象。殆介乎『力』和『行』之間的一種東西。若就宇宙萬物發生上講，一方面爲天道流行自然之理，一方面爲附着物體已成之性。若專就人體上講，有時偏於精神方面的就是『志氣』；有時偏於生理方面的，就是『氣質』。

(6)『形』——就是『力』和『氣』所凝止的東西。物有物的形，人有人的形；其所以成立，自然是由於自然力動作的結果；既經成形以後，而力仍含於形體之中。

(7)『心』——就是指生物體內精神活動的現象而言。

(8)『道』——就是自然活動的條理，所以也可以叫做『自然律』。

(9)『命』——就是由『自然』構成物質時，表現出一種被限制的現象。

這是據我個人意見，隨便把他解釋的；究竟對與不對，我也不敢說定。不過我的意思，總想把這些名詞帶有神祕性的程度，略略減少若干，可以使人易懂。所以我在此處也就不必再把那些宋儒解說宇宙現象的話，一一引來，以證我之所說了。

前文所說的各種名詞，皆和宋儒論性有密切關係。所以發生密切關係之故，實在是因爲宋儒有下列的幾種重要觀念。那幾種呢？

(1)認定『性』這樣東西是和宇宙萬物的本體，有同一的淵源。

(2)認定『性』這樣東西，是動力變化的本體。

(3)認定『性』這樣東西是萬物成立的根本所以說：『萬物皆有本性，』『天下無性外之物。』

(4)認定在未有萬物以前，已有性的一物存在。其代表性的東西，則爲『道』爲『理。』

(5)認定萬物旣成以後，各有性的一物，爲其本質。

(6)認定人與萬物一體，其受『性』於自然，當然與萬物同。而人的心靈特異，則和普通生物有別。

(7)認定人『性』的本然，是『靜』的，是『眞』的，是『誠』的，靜眞誠皆是善的。

如上文各條所說，大半是由道家傳下來一派思想，宋儒本和道家學說淵源最深，所以也就不能出其範圍。不過宋儒根據這個理論，把儒家『性善』之說特別發揮一番罷了。最初他們對於這種學說，曾叫做『心性之學，』叫做『性命之學，』叫做『性理之學，』然後乃又轉成道學理學，而在表面上卻不說明和道家及道教有關，有時且力排道家之說。

至於宋儒就儒書中所指出的古語古義，用以作論性根據的地方也可略略把他敘在下面：

(1)易——『窮理盡性，以至於命。』『繼之者善也，成之者性也。』

(2)禮，樂記——『人生而靜，天之性也；感於物而動，性之欲也。』

(3)中庸——『天命之謂性，率性之謂道，修道之謂教。』『喜怒哀樂之未發，謂之中。發而皆中節，謂之和。』『惟至誠唯能盡人之性。』

(4)大學——『致知，』『格物，』『正心，』『誠意。』

(5)孟子——『性善說。』

此外採自道家的，則爲『順性，』『存性，』『絕欲』等說。採自佛家的，則爲『明心見性』等說。

大致在宋儒當中，如司馬光，是不甚以孟子爲然的，因有疑孟之說。如王安石論性，是不把情性分開。如程顥，則有『善雖是性，惡亦是性』等語，比較起來就要算是特異一點的人物了。此外則『重性輕情，』『貴性賤欲』兩大主義，可以說是千篇一律。雖朱熹能組成比較有系統的心理學，而關於論性的根本思想，仍是不能脫了『理氣二元論』的範圍。

（四）

繼此，可再就宋儒論性的各說中，擇其與『天，』『道，』『理，』『命，』『神，』『心，』『形，』『體，』『才』等相關的地方，略略記出，以期和前節所說互相參證。

（1）司馬光之說：

易曰：『窮理盡性，』『以至於命，』世之高論者，競爲幽僻之語，以欺人，使人懸跂而不可及，憒瞀而不能知，則盡而舍之，其實奚遠哉？是不是，『理』也；才不才，『性』也；遇不遇，『命』也。（迂書）

萬物皆祖於虛，生於『氣，』『氣』以成體，體以受『性，』性以辨名，名以立行，行以俟『命』。……（潛虛）

人之生本於虛，虛然後形，『形』然後性，性然後動，動然後『情，』『情』然後事，事然後德，德然後家，家然後國，國然後政，政然後功，功然後業，業終則返於虛矣。故萬物始於元，著於衰。（同上）

（2）邵雍之說：

易曰『窮理盡性以至於命』所以謂之『理』者，物之理也；所以謂之性者，『天』之性也；所以謂之『命』者，處理『性』者也；所以能處理『性』者，非『道』而何？（觀物內篇）

性情形體者，本乎『天』者也；走飛草木者，本乎地者也。本乎『天』者，分陰分陽之謂也；本乎地者，分柔分剛之謂也。夫分陰分陽，分剛分柔者，天地萬物之謂也。備天地萬物者，人之謂也。（觀物內篇）

性非『體』不成，體非性不生。陽以陰爲體，陰以陽爲性；動者性也，靜者體也。在『天』則陽動而陰靜，在地則陽靜而陰動。性得體而靜，體隨性而動。（觀物內篇）

『氣』則養性，性則乘『氣』，故『氣』存則性存，性動則『氣』動也。（同上）

以物觀物，『性』也；以我觀物，『情』也。『性』公而明，『情』偏而暗。（同上）

任我則『情』，情則蔽，蔽則昏矣。因物則性，性則『神』，『神』則明矣。（同上）

天使我有是之謂『命』，命之在我之謂『性』，性之在物之謂『理』。（同上）

漁者曰：可以意得者，物之性也；可以言傳者，物之情也；可以象求者，物之『形』也；可以數取者，物之『體』也。（漁樵問答）

(3)周敦頤之說：

『誠』無爲，如惡惡臭，如好好色，直是出乎『天』，而不係乎人。

(4)張載之說：

由太虛有『天』之名；由氣化有『道』之名；合『虛』與『氣』有性之名；合『性』與『知覺』有心之名。（正蒙）

天所不能自已者謂『命』；不能無感者謂『性』。（同上）

人之剛柔緩急有『才』與『不才』之分，『氣』之偏也。（同上）

德不勝『氣』，性命於『氣』。（同上）

感者性之『神』；『性』者感之『體』。（同上）

『性』通極於『無』；『無』『氣』其一物爾。『命』稟於『性』，遇不遇適然焉。人一己十人十己千，猶難語『性』，可以言『氣』；行同報異，猶難語『命』，可以言

『遇』（同上）

妙萬物而謂之『神』；通萬物而謂之『道』；體萬動而謂之『性』。（同上）

『心』統性情者也。（性理拾遺）

有『形』則有『體』，有性則有『情』。（同上）

發於性則見於『情』，發於情則見於『色』，以類而及也。（同上）

(5)程顥之說：

在天爲『命』，在義爲『理』，在人爲『性』，主於身爲『心』，其實一也。

『心』本善，發於思慮則有善有不善。若旣發，則謂之情，不可謂之『心』。（語錄）

生之謂性，性卽『氣』，『氣』卽性，生之謂也。人生氣稟，理有善惡。上天之載，無聲無臭，其體則謂之『易』，其用則謂之『神』，其命於人則謂之『性』。（同上）

(6)程頤之說：

自『理』言之，謂之『天』；自享受言之，謂之『性』；自存諸人言之，謂之『心』。

『氣』有善有不善，性則無不善也。（語錄）

稱性之善謂之『道』『道』與『性』一也。……性之本，謂之『命』(同上)。性之自然者，謂之『天』。情之有動者，謂之『情』。此數者，皆一也。(同上)

有性便有『情』，無『情』安得有性。(同上)

論『性』不論『氣』不備；論『氣』不論『性』不明。(同上)

『性』卽『理』，『理』則自堯舜至於塗人一也。(同上)

『才』禀於『氣』，『氣』有淸濁，禀其淸者爲賢；禀其濁者爲愚。(同上)

『性』卽『理』也，所謂『理性』是也。(同上)

『心』與『道』渾然一也。(同上)

『心』卽『道』也，在天爲『命』，在人爲『性』。論其所主爲『心』，其實只是一『道』字。(同上)

有『性』而後有『情』。(同上)

『心』外無『性』，『氣』外無『理』。(同上)

天之賦與，謂之『命』。禀之在我，謂之『性』。見之於事，謂之『理』。(同上)

(7)胡宏之說:

『氣』之流行,性爲之主。性之流行,『心』爲之主。(知言)

大哉性乎!萬理具焉;『天地』由此而立焉。(同上)

性也者,『天地』之所以主也。(同上)

(8)朱熹之說:

論天地之性,則專指『理』而言之;論氣質之性,則以『理』與『氣』雜言之。(性理大全)

以理言之,則無不全;以『氣』言之,則不能無偏。(同上)

『天』則就其自然者言之;『命』則就其流行賦於物者言之;性則就其全體而萬物之所以得出此者言之;『理』則就其事事物物,各有其則者言之。到得合而言之,則『天』卽『理』也;『命』卽『性』也;『性』卽『理』也。(語類)按此非朱子所言係或問朱子而朱子以爲然者

理者天之體;命者理之用;性是人之所受;情是性之用。(同上)

孟子所謂『命』,是兼氣質而言。(同上)

自天之所賦於物物者言之，故謂之『命』；以人物之所禀受於天者言之，故謂之『性』。其實所從言之地，頗不同耳。蓋性命同出於一理，『命』猶誥勑，『性』猶職司，『情』猶設施，『心』則其人也。（同上）

『性』只是『理』。（同上）

『性』非『氣』則無寄，『氣』非天則無所成。（同上）

人之『氣禀』有淸濁偏正之殊；故天命之正，亦有淺深厚薄之異；要亦不可不謂之『性』。（同上）

『氣』是有形之物，『才』是有性之物，便自有善有惡也。（同上）

『理』在『氣』中，如一個珠在水裏。『理』在淸底『氣』中，如珠在那淸底水裏面，透底都明。珠在濁底氣中，如珠在那濁底水裏面，外面看不見光明處。（同上）

『氣』是『理』所生；然既生出，則管他不得。（同上）

以上所引各說，不過僅用以表示各家論性和『天』『道』『理』『命』……等的關係，並未談到論性的本題。卻是依個人所見，特提出可注意的幾點，列在下面：

(1)司馬光邵雍周敦頤三家，論性皆未能十分詳盡。卻是一個『氣』字，是司馬氏提出的；一個『道』字，是邵氏提出的；一個『誠』字，是周氏提出的。『理』字雖經邵氏說到，並未切實發揮。

(2)嗣後二程朱熹論性，對於『氣』字『道』字『理』字，皆加以精密的討論，尤其是朱子說的最詳。

(3)司馬光論性，雖然不以孟子所說的爲然；可是論『才』卻與孟子同。他是把『才』和『性』同樣看待的。至於其他各家，就不是盡像這個樣子了。大概宋代各家論性，除司馬氏一人外，所有論『才』的，皆是認爲『才』和『氣』相近，而不認爲才是和性一致。

(4)周敦頤說『誠』純是爲『性』而發，我們看後來明人薛瑄羅欽順諸人批評周氏的話，也就可知其大概了。薛氏說：

通書——誠上，誠下，誠幾德，聖，動，道六章，只是一個『性』字，分作許多名目。

羅氏說：

周氏之言性，有據其本而言之者，誠源誠立純粹至善也；有據其末而言之者，則善剛惡柔亦如之，中焉止焉是也。

(5)程顥論性，可稱爲特殊一派。他是以『氣』爲性，可稱爲『性氣一致說』。

(6)程頤論性，在北宋比較最精且最詳。他有『性理一致說，』『性氣相關說，』『氣理相關說，』『性情相應說。』或是補苴先人舊說，或是開發後人先路。在性學史中，總算是特別可注意的人物了。

(7)張載論性說中最可注意的，爲『心統性情說。』

(8)胡宏立論稍高，硬把『性』的範圍擴大，在性學史中，可稱爲特殊的一派。

(9)朱熹則就『理』字大加發揮，並對於『命』『理』『心』三項，設出一個極妙極顯的譬喻。總算論性到了朱子，已漸漸脫哲學範圍，注意到心理學的論究了。

綜觀彼等所論列，大致仍不外『天人相關』的舊套。茲試依其所說，擬爲一圖，表示各方的關係，以見性的問題所處的地位如何。

天人相關圖

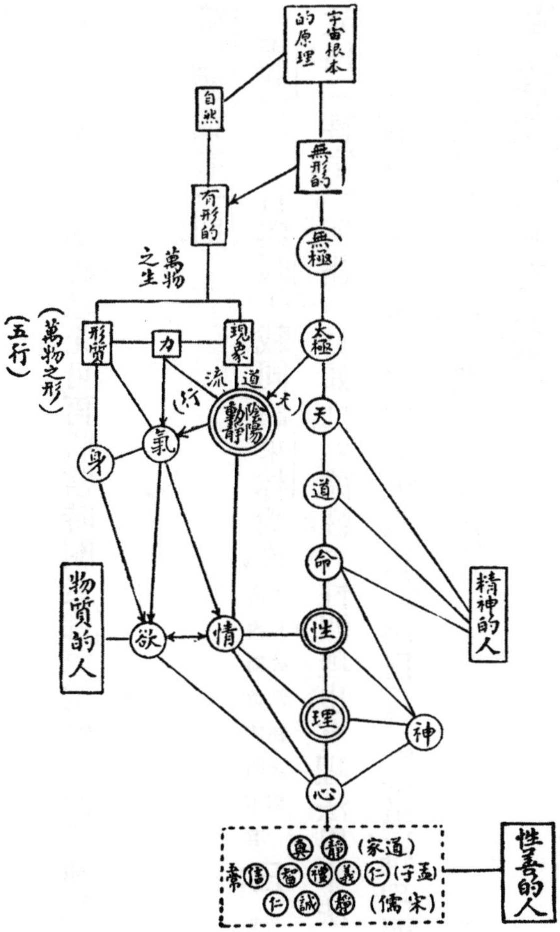

附例

凡在[]內之語，係作者所自設。

凡在○內之語，係宋儒所習用。

凡在◎內之語，係示其特殊地位。

凡在()內之語，係示附加的以解釋。

凡→，係示其所從出。

凡↔，係示其交互的關係。

凡——，係示其關係。

凡[虛線框]，係示其範圍之所轄。

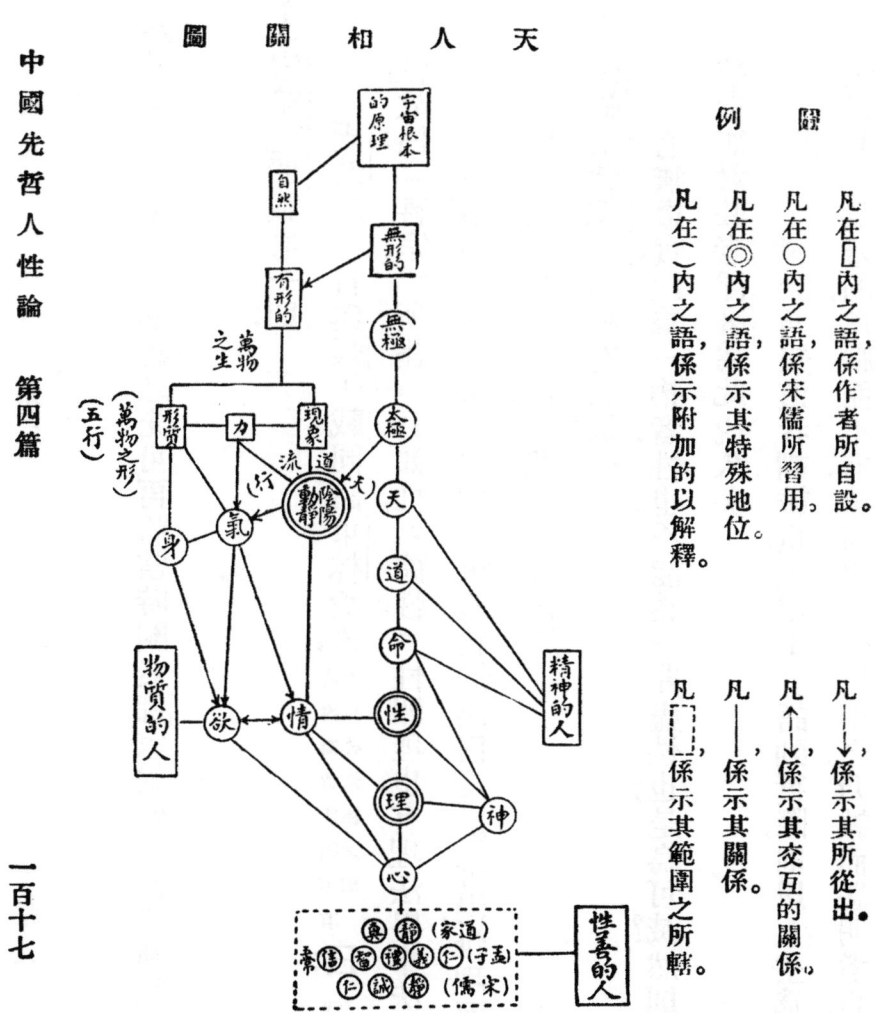

(五)

茲於論列各家論性學說之先，可再將當時關於佛家論性之說，從舊籍中摘引數條如次。

(1)宏益紀聞載有一則：

周濂溪一日與張子載同詣東林論性，（常總屬黃龍門下有大東林常總之稱）曰：『吾教中多言性，故曰「性宗」；所謂「真如性」「德性」。性卽理也，有理法界事法界理事交澈，理外無事，事必有理。』諸子沈吟未決，濂毅然出曰『性體沖漠，惟理而已，何疑耶？』橫渠曰：『東林性理之論，惟我茂叔能之。』

(2)張載正蒙乾稱篇載有二則：

有無虛實，通爲一物者，性也。不能爲一，非盡性也；是烏可滅？然則有無皆性也，是豈無對？莊老浮屠爲此說久矣。

釋氏語實際，乃知道者謂誠也，天道也。其語到實際，則以人生爲幻妄，有若贅疣，以世界爲蔭濁，遂厭而不有，遺而弗存，就使得之，乃誠而惡明者也。儒者則因明致誠，因誠致明；故天人合一，致學而以成聖，得天未始遺人；易所謂：『不遺不流不過』者也。彼語雖似是，觀其發本要歸，與吾儒二本殊歸矣。道一而矣，此是則彼非，此非則彼是，固不當同日而語，其言流遁失守，窮大則淫，推行則詖，致曲則邪，求之一卷之中，此弊數數有之。大率知晝夜陰陽，則能知性命，能知性命，則能知聖人，知鬼神。彼欲直語太虛，不以晝夜陰陽累其心，則是未始見易。未始見易，則雖欲免陰陽晝夜之累，末由也已！易且不見，又烏能更語真際？舍真際而談鬼神，妄也。所謂實際，彼徒能語之而已，未始心解也。

(3)程頤語錄，載有一則：

佛氏言性，何嘗不精？所以爲異端者，正以不就人之性，求性於父母未生以前，含生蠢動，以爲本覺。於是其視父母也甚輕，害道之大，全在於此。

(4)張栻南軒問答，載有一則：

問：『佛學者言人當常存此心，令日用之間，眼前常見光燦之地，此與吾學所謂操則存者有異同否？』曰：『某詳佛學之所謂，與吾學之云，存字雖同，其所以爲存者，固有公私之異矣。吾學操則存者，收其放心而已矣。收其放心則公理存，故於所當思而未嘗不思也，所當爲而未嘗不爲也，莫非心之所有，故也。佛學之所謂存心者，則欲其無所爲而已矣；故於其當有而不知有也，於其當思而不知思也，獨藉其無所爲者以爲宗，日用間將做作用。其云「令日用之間，眼前常見光燦之地，」是弄此爲作用也。目前一切以爲幻妄，物則盡廢，自利自私，此不知天故也。』

(5)楊時語錄，載有一則：

……總老言：經中說十識，第八『庵摩羅識，』唐言『白淨無垢，』第九『阿賴邪識，』唐言『善惡種子。』白淨無垢，卽孟子之言性善是也。言性善可謂據其本。言善惡混，乃是於善惡已萌處看。

(附註)總卽常總，係當時高僧。

(6)朱熹語錄，記楊時與常總問答一則：

龜山問：『孟子道性善，說得是否？』總曰：『本然之性，不與惡對。』此語流傳自他，然總之言，本亦未有病。蓋本然之性，是本無惡。及至文定，(胡文定)遂以性爲贊嘆之解云。

(7)橫浦傳心錄，載釋中庸一段：

天命之謂性，便是淸淨法身；率性之謂道，便是圓滿法身；修道之謂教，便是千萬億化身。

〔附註〕橫浦傳心錄，是宋杲弟子張九成所著，宋張皆宋時高僧。

道家論性，是專就天——自然——而言。佛家論性，是專就肉體以外的心而言。儒家（指多數而言）論性，則是專就人的理性而言。那末，蔽天而忘人，與夫重心而輕體，誠然是各有所偏。若夫力主性善之儒家，專指理性之性以言性，又何能說他是完全對呢？

（六）

從本節起，卽當論列各家論性的學說了，照理應該由周邵張程說起，以至於南宋朱陸，附及元明。但在程張之前，有一位心理學創造大家，論性和其他諸人不同的，我也不能不提出來說一說，這個人是誰呢？就是九百年來是非尚未有定評的王安石先生。安石本是一個經驗派的功利主義者，他的見解，他的魄力，很有過人之處，腐儒妄論，對於他加以菲薄，那裏有一定標準呢？其他不必說，卽就他論性的學說看一看，也可以知他的識力，與衆不同了。

王氏論性的根本觀念，是打破自古相傳下來的『性善情惡說』。他以爲性和情本是一件東西，萬萬不能把他分開。所以說：

性情一也。世有論者曰：『性善情惡，』是徒識性情之名，而不能得性情之實也。喜怒哀樂好惡欲，未發於外而存於心，性也；喜怒哀樂好惡欲，發於外而見於行，情也。性者，情之本；情者，性之用。故吾曰性情一也。（性情論）

這樣見解，何等明確？他是以在內未發的爲性，已發於外的爲情，性情本是一件東西，不過就兩方面看起來，一個是『本，』一個是『用』罷了。若是僅有性而無情，也就不能成爲性；既不能成爲性，那能還能說到善惡問題呢？善惡問題的發生，本是由情而起。他是極力反對『情惡也害性者情也』的說法。因爲這種說法，在當時是很佔勢力的；不但是道家主張如此，就是儒家也是主張如此，王氏自不能不大聲疾呼，力排衆說，獨伸己義。他的主張：（一）『是離情不能成性；』（二）是『情出乎性，可善可惡；』（三）是『養性就是養情』所以說：

> 如其廢情，則性雖善，何以自明哉？如今論者之說，無情者善，則是若木石者尙矣。……
>
> ……(同上)

性本是潛於內而未發的一種東西，若只有性而無情，當然就等於木石了。

王氏以爲專論『性善』『性惡』，本未免近於一偏；可是他卻不肯明目張膽的排斥孟子，所以很婉和的說道：

> 彼曰性善，無他，是嘗讀孟子之書而未嘗求孟子之意耳。彼曰情惡，無他，是有見於天下之以此七者（指喜怒哀樂愛惡欲而言）而入於惡，而不知七者之出於性耳。(同上)

『情』是『喜怒哀樂愛惡欲』七種，七種皆是發動於『性』；『性』發動以後，自然有好有壞。所以說：

> 此七者，人生而有之，接於物而動焉。動而當於理，則聖也賢也；不當於理，則小人也。
>
> (同上)

聖賢和小人的區別，就是看他情接於物而動的在理不在理。王氏拿弓矢來做比譬，以爲弓矢都是爲『射』而設;但是射中和射不中,是不能一定。一般人以情發於外,爲外物所累.所以入於惡。這是一偏之見,很不對的。所以他又有幾句話辨明這個道理,說:

> 彼徒有見於情之發於外者,爲外物之所累而遂入於惡也,因曰:『情惡也,害性者,情也;』是曾不察於情之發於外而爲外物之所感而遂入於善者乎?(同上)

情和性固不能分開,更不能單獨認情爲惡,在王氏以爲這本是顯而易見的事。況且,『情』在人類道德行爲中是不可少的一件東西。所以他舉古代兩個聖人來作例子,說:

> 自其所謂情者,莫非喜怒哀樂愛惡欲也。舜之聖也,『象喜亦喜』使舜當喜而不喜,則豈是以爲舜乎?文王之聖也,『王赫斯怒』當怒而不怒,則豈是以爲文王乎?(同上)

如此說來,自然更覺明確有據了。

王氏以爲養性就是養情,因而說:

> 蓋君子養性之善,故情亦善。小人養性之惡,故情亦惡。(同上)

君子小人,本是一個樣子,萬不能說君子只有性,小人只有情。所以他又說:

> 君子之所以爲君子,小人之所以爲小人,莫非情也。彼論之失者,以其求性於君子,

求情於小人耳。（同上）

『求性於君子，求情於小人，』自是一種謬見，是一種誤解。所以致謬致誤的原因，就是數千年來皆把性情分作兩樣東西，認爲各不相關。在漢代如劉向荀悅『情性相應』之說，『情與善惡偕』之說，卻也稍稍有所指正。但是比較起來，總沒有王氏這樣的透澈明確。

以上所說，是根據王氏文集裏的『情性論』略略加以疏解。此外他還有原性一篇，是對於孟荀揚韓四家之說加以批評的；其所論當然是仍脫不了『情性論』的主張，茲可一併分條加以敘述。

（1）否認韓愈『五常爲性』之說。他說：

太極者，五行之所由生，而五行非太極也。性者，五常之太極也，而五常不可以謂之性，此吾所以異於韓子。

太極可以爲五行之本性也可以爲五行之本；但是不能說五行就是太極，性就是五常。若既認定仁義禮智信（就是五常）五者，皆是善的，則性爲五常，當然就不能再說性惡。倘若再說『天下之性惡，』豈不是自相矛盾嗎？所以他說：

且韓子以仁義禮智信五者謂之性，而曰：『天下之性惡焉而已矣，』五者之謂性，而惡焉者，豈五者之謂哉？

（2）否認性有善惡之說。他以爲孟荀之論，皆有所偏。他是認定有情而後乃有善惡可言，情是生於性的，只言性，絕不能稱善惡。他也是以太極五行爲譬，說：

夫太極生五行，然後利害生焉，而太極不可以利害言也。性生乎情，有情然後善惡形焉，而性不可以善惡言也。此吾所以異乎二子。

王氏且就事實上證明孟子荀子之說，不甚完全，所論也極爲合理。他說：

孟子以惻隱之心，人皆有之，因以謂人之性無不仁；就所謂性者，如其說，必也怨毒忿戾之心，人皆無之，然後可以言人之性無不善；而人果皆無之乎？孟子以惻隱之心爲性者，以其在內也；夫惻隱之心，與怨毒忿戾之心，其有感於外而後出乎中者，有不同乎？荀子曰：『其爲善者，僞也；』就其所謂性者，如其說，必也惻隱之心，人皆無之，然可以言『善者，僞也』；而人皆果無之乎？

性存於內，情發於外，當然有善有惡，所謂惻隱之心與怨毒忿戾之心，自然不能說定必有，也不能說定必無。如是說定只有一件，自然是不符於實際情形了。

(3)分別出『性』『情』『習』三樣的界限。他是認定揚雄所說雖近似，而猶未能離乎『習』。王氏之意，以爲『性』『情』『習』，是應該分成三種次序：『性』是存而未發，屬第一步；『情』是感而後動，屬第二步；『習』是情發後，已形成善惡令人可以指得出來的，屬第三步。這三步是互相銜接，不可分離，可以說：『情由性生，習由情成；』也可以說：『性爲情之本，情爲性之因。』我們對於一種行爲，指出善惡，有時候已經是『習』不是『情』，所以他說：

且諸子指韓孟荀之所言，皆所謂情也，習也，非性也。揚子之言爲似矣，猶未出乎『習』而言性也。古者有不謂喜怒哀樂愛惡欲情者乎？喜怒愛惡欲而善，然後從而命之曰：仁也，義也；喜怒愛惡欲而不善，然後從而命之曰：不仁也，不義也。故曰：有情然後善惡形焉。然則善惡者，情之成名而已矣。

王氏批評四子之言，既如上述，而其結果，則仍以孔子『性相近，習相遠』之言爲歸宿。他又對於孔子『上智下愚不移』之說，加以疏證，謂孔子所言，是指知愚與性無涉，因以

『不可强而有』釋之亦復具有理由。

總之王安石是一位最重實際的心理學家，他又是具有『只知愛真理，不知重舊說』的精神，所以能發出這樣精透之論。至於他研究心理的學說，曾經汪震先生指出三條，也可附帶說在下面因爲這三條，也是和論性很有關係的。

(1)是發明心理學上所謂『强迫注意』和『自由注意』兩項。所說的是：

氣之所稟命者，心也。視之能必見，聽之能必聞，行之能必至，思之能必得，是誠之所至也。不聽而聞，不視而明，不思而得，不行而至，是性之所固有而神之所自出也。

(2)是論身心關係。所說的是：

神生於性，性生於誠，誠生於心，心生於氣，氣生於形；形者有生之本。

(3)是論人性異於獸性。所說的是：

夫狙猿之形，非不若人也。欲繩之以尊卑，而節之以揖讓，則彼有趨於深山大陸而走耳。雖感之以威，而馴之以化，其可服耶？以謂天性無是而可以化之使僞耶？

則狙猿亦可使爲禮矣。

〔附註〕以上所述三項，見汪震著中國心理學史上的戴震

此外爲司馬光蘇軾的論性學說，也可敘述一二，以附於此。

（一）司馬光　司馬氏作性辨，批評孟子荀子各得一偏，而遺其本實。他主張性善惡兼有。以爲雖聖人不能無惡，雖惡人不能無善，惟所受有多少之殊。善多惡少爲聖人，惡多善少爲惡人，善惡相平，則爲中人。這是與揚雄善惡混之說相近。又作疑孟，對於告子孟子所說，均致不滿。

（二）蘇軾　蘇氏論性之言，多見於易傳。他以爲孟子言性善爲未至，謂其所說是『性之效』，並不是見性。比之火能熟物，未見火，卽指所見之熟物爲火。平心而論，孟子所說的善端，皆偏於理性一方面，確是理性發達以後的事，尤其是非之心，不能含於本性之內，更是顯而易見。是則蘇氏之言，也未可厚非。他又以揚雄所說善惡混，謂其把『性』與『才』相混合，卻也不錯。他是不贊成性善說或性惡說的，所以說：

善惡者性之所『之』，而非性之所『有』。

又說：

夫言性者安以其善惡哉？

是蘇氏所論，專就有生之初性的本然的一點而言，所以謂其爲『無善無不善』，蓋完全和告子之說相同。

（七）

從本節起，當專述眞正道學派宋儒論性的學說了。我所要敘列的，擬以周敦頤邵雍張載程顥程頤朱熹爲正宗，而附之以張栻胡宏陸九淵（元明諸儒之說只好暫行從略。）並因爲材料多寡的關係，擬分爲五節。本節（卽（七））所述的，爲周邵二人；次節（卽（八））所述的，爲張及二程三人；再次（卽（九））所述的，爲朱熹一人。朱子論性，是集各派大成；論起他的資格，在道學史上很能夠做宋學的代表，所以爲他特設一節，而此節分量且甚多。再次一節（卽（十））則爲所附屬的張胡陸三人。

我在本章述周邵二人學說之先，還要不嫌重複累贅，順便再說幾句話，來作一個引論。

宋儒的哲學，多是把宇宙觀，應用到人生觀上。宇宙觀所研究的，是宇宙萬物的本體，本體本是一種捉摸不定的東西；於是他們就把自古相傳下來的道家和道教的種種說法，加上易經中庸所說的種種話頭，混合糅雜起來，因而遂有了『太極』『道』『理』……各色抽象的名詞出現。若用新話來講，也可說是『自然』說是『自然律，』即所謂『不得不然的』一種法則。（其說已散見前文）

萬物之生，本出於自然，而萬物所以不得不生，與夫未生以前或既生以後，不能不有的必然現象，這皆是受『自然律』的支配。人類是萬物之一，自然也脫不了宇宙間大自然的範圍。但是自然的觀察和道理的研究，其權利實爲人類所特有。因爲要攷究自然本體，就不能不攷究到人生的來源，要攷究人生，總是以行爲爲本位，論到行爲，自然就要發生善惡問題。論到善惡問題，自然就要論到人生固有的本性了。本性是由天而生的，是出於自然的，是受自然律所支配的。人的性，也就是天的理。因此就要把天和人聯合成一塊研究起來了。至於用以聯合兩方的工具，就是在一個『性』字。所以說性是『天所賦，人所受，』『人的性也就是天的理。』天本是至公至大，毫無所私的，且純一不雜的，當然性也是善的了。他們以爲人類有惡的行爲，皆是賦性成形以後，別有其他的緣故，與天所賦的性，是絕不相干。道家是如此說，宋儒也是如此說。

不過天賦的性，必待有了形體而後，才能表現，這也是自然的理，所不得不然的；宋儒在這個中間特提到一個『氣』字來，用以作『天』和『物』的媒介。就把易經上『形上爲道，形下爲器』的舊說傅會起來，以爲氣體流行，是上承於天，下承於物。但是當由性成物時候，天然雖至公，總不能叫萬物一律齊平，於是遂就一個『氣』字上，發生了許多說法，有以爲氣是不離於道的，因爲他的流行，本出於道，就是凝而爲物，才質不齊，也是理所當然，合乎天道。人類和物，當然不同，就是同一人類，亦不能一致。這是天之所命，不得不然，所以有『命』的說法出來，如男女異體，强弱異質，氣之所成，也就是天之所命，有以爲氣是附着於形，與理迥異，不能純一不雜的，自然就要和『道』離開了。但是人類當中，還有一種特殊的超人——聖人，是能保全這個固有天理，普通常人，就不能了。講到此處，就把性分作兩種：一是合乎天道的，所謂『天地之性』（或義性之性），一是純屬人事的，所謂『氣質之性』，所以他們就把『情欲』廁入『氣質之性』之內。認爲中庸所說喜怒哀樂之未發謂之中，是指着本然之性，對於由性而發的『情』及和性不能離開的『欲』則爲『氣質之性。』氣質之性，是惡的成分多，善的成分少。

可是要把氣質之性滅掉，天理之性存住，在宋儒看起來，也不是沒有方法的。什麼方法呢？就是『教育。』教育是廣義的，聖賢之教化，師友之陶冶，個人之修養，皆可以屬於教育的範圍。

於此可知宋儒論的性，是以宇宙爲出發點，由形而上學的理論，應用到人生，再由討論人生行爲問題，歸宿到教育。前半截是道家舊套，後半截是儒家的精神。他們拿性的問題，認作哲學的中心問題，並不是認爲心理上的中心問題。由北宋以至南宋，除去最少數如王安石外，大致皆是一樣。朱熹對於心理學的組織，卻是有一點貢獻，這是有目共見的。但是他對於『理』字，也未免重視太過，討論雖精，猶覺迂滯，且分性爲二，仍是未能跳出張程學說的範圍。

宋儒如此論『性，』按之最近科學的心理學，自然不少缺點。但我們要知道學術思想，是一步一步演進的，在科學的心理學尚未成立之時，所有較爲高深的學問，當然是以哲學爲主體，所有討論性的問題，自然脫不了形而上學及道德哲學的範圍，況且說到他們論性的優點，也有不可湮沒的二項：

(1)是提高個人的地位；

(2)是注重教育的精神。

所以就表面上統括起來說，皆是主張『性善』的，皆是發揮孟子性善之說的。但其間卻有一個大不同之點，就是孟子從未把性分爲二元，而宋儒則以『性二元論』爲絕大發明。

至於宋儒當中，最初幾位哲學家，關於談心說性，均不免帶有一點神祕的性質，如周敦頤所說：『五氣順命而四時行，二五之精妙合而凝……』，邵雍所說：『太陽少陽太陰少陰』等，自然是烏烟瘴氣，令人不能滿意。那末我們對於這些地方，也就只好置而不論了。

我本欲說幾句極簡單的話，做一個小小的引導；不意如此說上一大篇，未免太散漫了，就此爲止，不必再說。於是可以敍一敍周邵兩位先生。

(一)周敦頤　周子以爲由太極生萬物，萬物皆各有一個『性』，這是說『人類萬物同源。』人爲萬物之一，其受性當然是和物一致。但人在萬物中是得其秀而最靈的，卻不能和物同類，這是說『人性與物性殊異。』且同在一個人類中，復有一種特殊的聖人，他的性更是和常人不同，其現象是『仁義中和而生靜。』這是說『人類中有聖人的一階級。』常人之性，本源皆是善的，但是因爲情欲所蔽而失其仁義中和，所以必須聖人加以教導，乃可以復其善。周子論性，簡略言之，可以分作左列三項：

(1)性爲人類萬物之本；

(2)人的善性，存於先天；

(3)衆人因情欲動而善性不完，故必賴聖人以定之。

周子又復提出一個『中』字，以示性的標準。他說：

性者剛柔善惡中而已矣。剛善——爲義，爲直，爲斷，爲嚴毅，爲貞固；惡——爲猛，爲隘，爲强梁。柔善——爲慈，爲順，爲巽；惡——爲懦弱，爲無斷，爲邪佞。惟『中』也者，和也；中節也；天下之達道也；聖人之事也。（通書師第七）

其於修養之法，則提出一個『思』字，一個『靜』字，以爲始乎『思』，終乎『靜』。又提一個

『一』字，以爲學聖的要訣。他在通書聖學上說：

聖可學乎？曰：可。有要乎？曰：有。請問焉。曰：『一爲要。』一者，『無欲』也。無欲則靜虛動直，靜虛則明，明則通。動直則公，公則溥。明通公溥，庶矣乎？

因『一』以指出『無欲』說出『靜虛』。虛靜無欲，老佛兩派，均有此說。可知周子論性，尚未能和老佛兩家斷絕關係。不過他主張『志學』（通書有志學篇）主張『聚師友』（通書有師友篇）主張用『思』，卻純粹是儒家的精神啊！

（二）邵雍　邵子有兩種重要觀念：一是注重『先天』，一是注重『心』。他以爲氣化萬物，皆生於心。因而說：『道是太極，心也是太極。』先天是心，後天是跡，出入有無是道。因心以立天人共由的標準，乃提出一個『中』字。在觀物外篇上說：

天地之本，其起於『中』乎？是以乾坤交變而不離乎中，人居天地之中，心居人之中，日中則盛，月中則盈，故君子貴『中』也。

他認定天地之本爲中，由天道以論到人事，則人亦自當以『中』爲貴了。

於是我們再看他的論性的說法，是怎樣？

第一，認明性是道的形體。 道是無形體的，性是有形體的，形體如何附着呢？附着之以仁義禮智。所以他說：

性者道之形體也，道妙而無形，性則仁義禮智具而體著矣。

這是認性爲純粹至善。仁義禮智本爲性中所固有。所以說性就是道的形體。

第二，說明性和情的區別。 觀物外篇說：

以物觀物，性也；以我觀物，情也。性公而明，情偏而暗。

他以爲性是靜而未發的狀況。以物觀物，當然是無所感動；若是以我觀物，就不能無所感動了。有所感動，這就是情。邵子本是服膺道家的人，自然要主張性善情惡。

第三，說明性和各方面的關係。 觀物外篇說：

性非體不成，體非性不生。

這是說『性』『體』交互的關係，去其一，則兩者，不能存在。觀物外篇上又說：

『氣』則養性，性則乘『氣』，故氣存則性存，性動則氣動也。

這是說性與氣交互的關係，氣是什麼東西呢？此處卻未明言。我們若認他作血氣講，也可以通；不過和前條所說的體稍覺重複一點罷了。

在他所作的擊壤集中曾有一段話表示『性』和『道』『性』和『心』又『身』和『心』『物』和『身』的關係。他說：

性者，道之形體也，性傷則道亦從之矣。心者，性之郛郭也，心傷則性亦從之矣。身者，心之區宇也，身傷則心亦從之矣。物者，身之車舟也，物傷則身亦從之矣。

第四，說明修養性的工夫。　他以爲養性工夫，重在『無我』『無我』自能全其天性。無我的反面，就是『任我』任我的毛病，如他所說：『任我則情，情則蔽，蔽則昏矣。』（觀物外篇）若是不『任我』便當『因物』因物又怎樣呢？在同篇上繼續說道：

因物則性，性則神，神則明矣。

『因物』也就『無我』不以我爲主，而以物爲主。這樣辦法，究竟如何能做到呢？邵老先生既未說明，我們也就無從妄下解釋。大膽評論一句：『無非是本着老莊的說法罷了。』可是他雖主張『無我』並且主張『無爲』卻於『學』一層，仍是特別注重，這又不同於道家了。

（八）

本節所述，則爲張載程顥程頤三人。

（一）張載　張子的形而上學的理論，和周邵不同，並且深惡釋老，力加攻駁，亦與周邵特異。他首先提出『太虛』和『太和』兩個觀念，遂用以構成『氣一元論』的基礎。因爲他討究宇宙萬物的根本和原理，不僅著眼在本體一方面，並且聯合本體和現象而渾言之；所以他以清虛一大爲萬物之源，復以浮沉，升降，聚散，屈伸，絪緼相盪的氣體流行，爲萬物生存必然之道。指出『太虛』是認爲萬物本體；指出『太和』是認爲萬物生存的一種現象。因此遂有『氣卽道也』之言。他提出一個『氣』字，特別注重當然是就『流行』上說，非指寂然不動的本體上說。所以他對於氣之聚散，認爲是『自然律』所表現，以爲道卽寄於其中。因而批評道佛兩氏，謂佛主寂寞，是知散而不知聚，道（指道教）主執有，（指修煉長生而言）是知聚而不知散。看他這種理論，就可知道他是純就萬物構成的現象立說了。他又恐人不能明白，於是乃分出『本體』和『客形』兩樣。正蒙太和篇上說：

太虛無形，氣之『本體，』其聚其散，變化之『客形』爾。至靜無感，性之淵源；有識有知，物交之客感爾。

他既把『氣』分作『本體』和『客形』兩樣，於是復由宇宙觀推論到人的性，也就判別性爲兩種，(1)『至靜無感』是性的本源，所謂『本然之性』，(2)『有識有知』是性的物交後的客感，所謂『感動之性』。氣之爲物，本來是一方面出自至靜之本體，一方面又絪縕相盪而成客形之物。性之爲物亦然，就其本然說，是和至靜無感的萬物本體相當；就其客形說，則又和浮沉升降的變化相當。因此張子乃有『性二元論』發表，遂成論性學上一個重要的理論。所謂性的二元，就是分性爲二：

(1)天地之性。

(2)氣質之性。

把性分作二元，可說是始於張載，及程顥二人，張子所以分爲二元之故，又可以說純粹是由他的宇宙論推演而來。

茲再就張子論性的學說，略分三組，敘述一下：

第一，論性的由來，特色，及區分。正蒙太和篇說：

由太虛有天之名，由氣化有道之名，合『虛』與『氣』有性之名，合『性』與『知覺』有心之名。

這是說性由『虛』和『氣』相合而成，所謂『虛』，就是天的本體；所謂『氣』，就是本體的流行。聯合起來，乃有心的發現。因而又說：

性者萬物之一源，非有我之得私也。（正蒙誠明篇）

萬物皆由虛氣而成，萬物皆有一個性，故說性是萬物之一源。他又分別天性和人爲的不同，正蒙誠明篇上說；

天能爲性，人謀爲能。

其區分天地之性和氣質之性，他在正蒙誠明篇上曾明白說道：

形而後有氣質之性，善反之則天地之性成。故氣質之性，君子有弗性者焉。

氣質之性，是什麼樣子呢？他曾解釋說：

人之剛柔緩急，有才與不才，氣之偏也。

他又以冰爲喻，說：

天性之在人，正猶水性之在冰，凝釋雖異，萬物一也，受光有大小昏明，其受納不二也。

以水比天，以冰比人，水之性是天所授，冰是由水凝聚而成，或凝或釋。比如壯盛衰老，生存死亡，皆有定理，爲物所同然。受光則比之氣稟，大小昏明，不能一致，是形而後的現象。但光的照納，仍是一樣。

有了人的形體，自然就有氣質之性，他所設水冰之喻，是表明冰有兩種現象，一是凝釋，一是受光的大小昏明。凝釋是指着人的生死，悉受支配於不可抗的自然力；至於大小昏明，就是指着人類先天才能的長短。所以他又說：

氣之不變者，獨生死壽夭而已。

他是一方分割出氣質之性，一方又說氣稟可以變化，至於氣質之性中有一部分不可變化的，則爲『生死壽夭』。這生死壽夭的一部，就是『命』，所以他繼續說道：

故論生死則曰有命，以言其氣也。

張子還有一種重要的區分，就是區分人性與物性不同，所以他極力反對告子『以生爲性」之說。他說：

以生爲性，既不通晝夜之道，且人與物等。故告子之妄，不可不詆。

他把人的性特別提高所以才有變化氣質的主張出來。這是張子論性學說中最重要的一點，所以他又說：

凡物莫不有是性，由通蔽開塞所以有人物之別，由蔽有厚薄，故有智愚之別。塞者牢不可開；厚者可以開，而開之也難，薄者，開之也易。開則達於天道，與聖人爲一。

第二，論性和各方面的關係。 性是出於天，成於氣，故性和『天』的關係，極爲密切，張子往往把『性』與『天道』混合並舉。正蒙太和篇上說：

萬物形色，神之糟粕，性與天道者，易而已矣。

正蒙神化篇上說：

不問性與天道，而能制禮作樂者末矣。

又論性和『天』『氣』『命』『運』『形』各種關係說：

天之所性者，通極於道，氣之昏明，不足以蔽之。天之所命者，通極於命，遇之吉凶，不足以狀之。不免乎蔽之狀之者，未之學也。性通乎氣之外，命行乎氣之內，氣無內外，假有形而言。故思知人不可不知天，盡其性然後能至於命。

此段重在教人盡性至命知天，待到下文，當再詳釋，此處只看他的原文，知道性和各方的關係，就得了。又性必待有體而後能現，所以他說：

未嘗無之謂體，體之謂性。

所謂『未嘗無』就是『不得不有』的意思，因爲體本是出於『自然』所以不得不有。而所以爲體的，則別有所在。所謂『體之，』就是說所以成體之根源。成體的根源，是什麽呢？就是『性』。

張子論『性』與『心』的關係，說：

心，統性情者也。（性理拾遺）

這句話確是異常重要。又論形體性情的關係說：

有形則有體，有性則有情。（同上）

發於性則見於情，發於情則見於色，以類而應也。

論性兼論情，且把身心相應的關係說明，也可說張子論性的特見，有一點和王安石論性的說法相同。

又論『感』『神』和性的關係說：

感者性之神，性者感之體。

〔附註〕本段所述和本篇第（四）節內所引張子之說，頗有重複。惟在本段所引，則多加以疏解，而前節則否。

第三，論變化氣質及養性的理由和方法。這也是張子論性學說中最重要的一點。他既分別出人性和物性不同，就人性之中又分別出天地之性和氣質之性，截然不同，氣質之性有二部，一部是屬於命定的，不可以用人力去變化，一部是屬於才能的，可以用人力去變化，他是認定氣質之性中，還是含有一部分天地之性（卽本然的天性）在內，我們也就可以用方法，把氣質之性減少去，把天地之性恢復來。這是他所持變性的理由。

至於變性的方法，他是主張要『善反』。以爲善反則天地之性存，一班小人，自己不覺得爲氣質之性所蔽，若是君子是絕不性（性作動詞）乎氣質，所以說：『氣質之性，君子弗性。』

又說：『性於人無不善，視其善反不善反而已。』善反則在乎『學，』『學』則氣之昏明，不足以蔽之。所以說：

為學大益在自能變化氣質；不爾，則無所發明，不得見聖人之奧。故學者先須變化氣質，變化氣質與虛心相表裏。（理窟）

能變化氣質，就能『以德勝氣』。以德勝氣，自然能合於天道。所以他又說：

德不勝氣，性命於氣；德勝其氣，性命於德。窮理盡性，則性天德，命天理。（正蒙）

窮理盡性，就是爲學之效。因而他又拿天所性的，與氣相比，天所命的，與遇相比。謂天所性的，是天地之性，通於道，氣稟不足以蔽之，所以受蔽，是因爲未學。天所命的，是天所不能已之命，是通於性，際遇本不足戕之，所以受戕，亦因爲不學。因爲『氣』，僅居性中一部分，『遇』僅居命中一部分，當然不使氣蔽道，使遇戕命。原文已見前引。他又說：

天能爲性，人謀爲能。大人盡性，不以天能爲能，而以人謀。故曰：『天地設位，聖人成能。』

『成能』就是盡性。至於爲學盡性的工夫，他曾指出兩項：

(1)是不要以小害大，以末害本。這是純粹依據孟子所說。

(2)是致中道。能致中道，自能去氣質之偏。所以說：

人之剛柔緩急，有才與不才，氣之偏也。天本參和不偏，養其氣，反之而不偏，則盡性而知天矣。(正蒙)

他又說：

極善者治以中道，方能極善。(語錄)

天地之性，因學可以保存，氣稟之偏，因學可以變化，自是一定不可移的道理。但是氣有所偏，若是久而久之竟成習慣，以致天地之性日漓，則變化也就很難了。所以他說：

上知下愚，習與性相遠既甚而不可變者也。

可是張子一方面雖注重『窮理』，注重『學』，他乃又說：

不識不知，順帝之則，有思慮知識，則喪其天矣。

這總不能不說他是矛盾之論。張子雖口口聲聲排斥老莊，觀此數語，又可知其和道家『絕聖去知』的主義相近了。

（二）程顥——大程子　大程子論宇宙，也是以一氣爲本，和張子所說略同。卻是他又加上『乾元』二字，不單說『氣』而說『乾元一氣』，謂一切生物皆由乾元一氣而生。所以他對於一個『生』字也異常注重。所以說：『天地之大德曰「生，」天地絪縕，萬物化生。』由『生』以說到『性，』便謂：『生之謂性，性卽氣，氣卽性，生之謂也。』他以爲人和物皆是受氣而生；但是受氣不能無偏正，於是乃分出二組：一爲草木禽獸，是受氣之偏；一爲人，是受氣之正，而人尤得其中。這也是主張人性之善，是由於先天。可是他並不主張絕對的性善。觀他論『理，』論『天理，』論『善惡，』均有一點特殊見解。他說：

天地萬物之理，無獨必有對，皆自然而然，非有安排也。（語錄）

又說：

事有善惡，皆天理也，天理中物，須有善惡；蓋物之不齊，物之情也。但當察之，不可自入於惡，流爲一物。（同上）

又說：

天下善惡，皆天理：謂之惡者，非本惡；但或過或不及便如此。（同上）

觀於以上所說三條，可以說得大程子的根本觀念有三點：

(1)天地萬物，本來是天然不齊，不齊就是天理。

(2)天理中物，自然有美醜；天地間事，也就自然有善惡。

(3)善惡的區別，就是過和不及。

依據這個根本觀念推論到人性，因而也就主張人生氣稟之性，也是有善有惡。所以說：

善固性也；然惡亦不可不謂之性也。(語錄生之謂性篇)

他也是分別性爲兩種：一『本然之性』，一『氣質之性』。本然之性，是指生的本源，是靜而未發的一種東西，所以他說：

蓋生之謂性，人生而靜以上不容說，纔說性時，便已不是性也。(同上)

後來朱子對於此條，曾經加以解釋說：

人生而靜以上，卽是人物未生時。人物未生時，只可謂之理，說性未得，此所謂在天曰命也。纔說性時，便已不是性者，言纔謂之性，便是人生以後，此理已墮入形氣之中，不全是性之本體矣。故曰：便已不是性也。此所謂在人曰性也。大抵人有此形氣，則是此理

始具於形氣之中而謂之性。纔是說性，便已涉乎有生，而兼乎氣質，不得爲性之本體也。（性理大全）

本然之性，也就是宇宙的本體，大程子把他叫做『生，』叫做『氣，』而朱子則把他叫做『理，』所謂在未有人生形體以前，這個本體已經存在。如此說去，實在是有點近於神祕。試問沒有人體，性從何處表現呢？若是就人體中潛而未發的性能以言也可說他是『人生而靜。』到了觸於外感而動，如通常所謂感情，也可說他不是性，（本然不動之性）是情。如此講去，固然未嘗不通。然而用形而上學的理論，以推論到人生心象，總不免容易流入神祕，令人神昏目眩。可是在朱子的意思，總想極力把他講得明白。所以除前條外，復有以下各說：

有此氣爲人，則理具於身，方謂之性。

性只是搭附在氣稟上。

程先生說性有本然之性，有氣質之性，人具此形體，便是氣質之性。未有人生之時，但有天理，更不可言性。人生而後，方有這氣稟，有這物欲，方可言性。

人生而靜，已是夾氣。

種種說明，無非要把本然之性和氣質之性，分析得淸淸楚楚。然而究竟能淸楚不能淸楚，還是一個疑問。

在大程子認定氣質之性，有善有惡，是爲理所當然。可是他又認定性的源頭，並不是不善的，因以水流爲喩，注重在澄治之功。所以說：

……有流而至海，終無所汚，此何煩人力之爲也？

這一種是生而無不善的人，也就是孟子所謂『堯舜性之也』的聖人。至於一切衆人，就不能像這個樣子了。因而又說：

皆水也，有流而未遠，固已漸濁；有流而甚遠，方有所濁。有濁之多者，有濁之少者，淸濁雖不同，然不可以濁者，不爲水也。如此則人不可以不加澄治之功。

水之本源，原是淸的。但流時經過各地，不能保其不濁；濁時有遠有近，有多有少，自然不能同樣。譬如人自有生以後，挾性以俱來，性在潛而未發時，（但在宋儒，多有說是未有生以前者）說不出他好壞，似可假定說他的是善。固爲無性則無此生，性爲生之源，自然可以算他是好的善的。可是性終不能不動，猶水之不能不流，性動時有欲有情，情欲之發，不能無所偏，猶之水流時，不能不帶泥帶沙；帶有泥沙的，不能說他不是水，亦猶之含有不正的欲情，也不能說他不是性。大程子復就氣稟之性，分別其善惡說：

人生氣稟，理有善惡，然不是性中元有此兩物相對而生也。有自幼而善，有自幼而惡，是氣稟然也。

這是說性的本源，並沒有含着善惡相對的兩物。善惡之成，還是在有生成性，性的發動以後。所以氣質之性，賴乎修養，和澄治濁水的工夫一樣；而澄治工夫，也各有不同。所以說：

故用力敏勇則速清，用力緩怠則遲清。及其清也，則卻是水也，亦不是將清來換卻濁，亦不是取出濁來置在一隅也。

因為氣質之性，可以用人力變化，用力大小不同，故變化遲速也各各不同。氣質之偏，就是過不及；過者退之，不及者進之，自能合於中道。合於中道，就和本然的善性相合。並不是真把性中不良一部分特別剔出來，猶之乎澄治濁水，並不是把水中濁的一部分，特別換出去。

〔附註〕在大程子語錄『生之謂性』一節，原文中『皆水也』句上，尚有『夫所謂繼之者善也，猶水流就下也』二句，『所謂繼之者善也』一句，在易繫辭原文，原是說：『一陰一陽之謂道，繼之者善也，成之者性也。』『繼之者善也』，原是隨着上文『一陰一陽之謂道』一句，正義解之，謂：『道是生物開通，善是順理養物。故繼道之功者，惟善行也，』宋儒因爲『繼之者善也』一句下，復有『成之者性也』一句，遂多引來作『性善』及『復性』的注腳，是否最初作易的人就是這個意思，實在不敢妄說。

大程子論性，還有一點可以令人注意的，就是把性的範圍，認爲和『心』是一致。語錄上有一段說：

問：『天有善惡否？』曰：『在天爲命，在義爲理，在人爲性，主於身爲心，其實一也。心本善，發於思慮則有善不善，若既發，則謂之情，不可謂之心。譬如水，只謂之水，至如流而爲派，或行於東，或行於西，卻謂之流也。』

他是以性爲心，未免將性的範圍，稍稍擴大一些。可是對於性的修養方法，純是以心爲主，如所謂『識仁』，如所謂『主靜』，如所謂『致良知』，皆是由是而發。後來陸學，專注重

『心』，不注重『性』，也就是以大程子為先導。

我們繼此可再述一述大程子所說修養性的方法了。他論修養性的方法，可以說有三個要點：

第一，是『識仁』。他以為『仁』是天然的至性，是把『仁』字作『生機』講，作『流動』講，如所謂『痲木不仁』的仁，就是他所指『仁』字的本義。所以在識仁篇內先說仁與萬物同體，以見其大後說識之之方，在於隨事精察，勿忘勿助，以為能識得仁，卽有萬物皆備於我之樂。本然之性，本和仁一樣，識得仁，自然就保存住善性。此等工夫，是純粹把一點存於心內的善端，擴充起來。所以說：

滿腔子是惻隱之心，惻隱之心，仁之端也；由此惻隱之心，擴而充之，則是仁而已矣。

第二，是『主靜』。他的定性書，開首卽說：

所謂定者，動亦定，靜亦定，無將迎，無內外，苟以外物為外，牽己而從之，是以己性為有內外也。且以己性為隨物於外，則當其在外時，何者為在內？是有意於絕外誘，而不知性之無內外也。既以內外為二本，則又烏可遽語定哉？夫天地之常，以其心普萬物而無心。聖人之常，以其順應萬物而無情。故君子之學，莫若廓然大公，物來而順應。這是說明動靜合一之理，而歸之於常定，不分性爲內外，不離動而言靜，以聖人之心，比天地之心，注重在『廓然大公，物來順應』八字。因而極力反對『自私用智』，以爲『自私用智』則爲情所蔽，失其照物之明。若是順物無情，忘其內外，喜怒皆忘，就可以天人合體。大程子如此立說，卻和道家清靜無爲之旨，有一點相近。

第三，是『致良心』　此係就孟子之說，而詳述之，也是復性盡情一種重要工夫。

說者謂大程子雖然力闢佛老，但細觀其學說，實在是受佛老的影響，尤其是『知性』『知天』之說及『主靜』之說，和佛氏爲近。此語是有幾分可信。

(三)程頤——小程子　小程子的宇宙論，是『理氣二元論』，表面看來，似乎和大程子不同，實則和大程子『陰陽二氣交感』之說，『理無獨有對』之說，皆相近。他是主張『道卽理，』主張『理與氣不相離，』由道理氣以論及『生，』則說是『道自然生萬物』。可是他卻把『理』『氣』兩樣，加上一個區別，說：

理是能生，氣是所生。

『能生』是指『本體』而言，『所生』就是指『作用』或『現象』而言。

小程子宇宙觀的理論既如上述，於是再把他的論性學說，分條敍述一下。

第一，認定性的本體是眞而靜。既認性爲眞靜，自然也就主張本然之性是善的了。由此觀念，所以他對於性有兩種比擬。

(1)是『性卽道』。語錄上說：

稱性之善，謂之道，道與性一也。

(2)是『性卽理』。語錄上說：

性卽理也，所謂理性是也。

性卽是理，理則自堯舜至於塗人，一也。

所謂性就是『道』，就是『理』，當然是指本然之性而言。

第二，論性和氣的關係。此在小程子論性學說中，似乎可認爲較重要的一點。他說：

論性不論氣不備，論氣不論性不明。（語錄）

可見他認定性氣二者，實有密切不可離的關係，他也是分別本然之性與氣稟之性爲二的；但是他對於性氣相關係一點，卻特別看重。以爲就理言性，自無賢愚不肖之分；而就氣言性，卻有淸濁善惡之別。但是氣爲成性的要具萬不容少。因爲理只是『能生，』而氣則是『所生，』能生所生，二者本是互相對待，缺一不可。

第三，論性與其他各方面的關係。最重要的是『情，』次則『心。』他說：

性之本謂之命，性之自然者謂之天，性之有形者謂之『心，』性之有動者謂之『情。』

這是說情是性之動。其推論情的不善說：

天地儲精，得五行之秀者爲人，其本也眞而靜，其未發也，五心具焉，曰：仁義禮智信。形旣具矣，外物觸其形而動於其中矣；其中動而七情出焉，曰：喜怒哀樂愛惡欲。情旣熾而益蕩，其性鑿矣。是故覺者得其情，使合於中，正其心，養其性，故曰：『性其情。』愚者不知制之，縱其情而至邪僻，梏其性而忘之，故曰：『情其性。』

性是善的，情是不善的，惟其不善，所以要加以約束，不使放縱，主張要『性其情，』不可『情其性。』此論自然覺得少偏一點。須知情之所發，善惡兩方皆有，何能一定說他盡是不善呢？

於此我們更有應該注意的一點，就是小程子所說的『情，』是不是屬於氣質之性的範圍呢？此層他卻未說明。吾們看他所說關於氣質之性兩條，似乎專指才（或材）質而言。如說：

才稟於氣，有清濁稟其清者爲賢稟其濁者爲愚：

如說：

此只言氣質之性，如俗言性急性緩之類。

一是指天性聰明，或愚魯一是指先天的本能所發出動作的敏捷或遲鈍。似乎與情無關。

我們再看他論性和心的關係。說：

自理言之，謂之天自稟受言之謂之性；自存諸人言之，謂之『心』。（語錄）

性之有形者，謂之『心』。（同上）

在天爲命在人爲性，論其所生曰『心』。（同上）

因而他又有人心道心之說。謂：

人心惟危，道心惟微，心道之所在，微道之所在也。心與道渾然一也。對放其良心者言之，則謂之道心；放其良心則危矣，惟精惟一，所以行道也。

又說：

『心』，生道也，有是心，斯有形以生，惻隱之心，人之生道也；雖桀跖不能無是以生，但戕賊以滅天耳。

如此說來，竟把『心』代替『性』了。

此外如說性與『形』『命』等關係，已見於前文所引各語中，不再贅述。

第四，論養性的方法　小程子論修養之功，有三個要點：

(1)是『主敬』　以爲『主敬』則能『主一』，主一則能『得中』，此和大程子『主靜』工夫，有些相近。因爲能主敬得中，則能寡欲而知性。

(2)是『積學』。　積學就是致知格物，所以他說：

涵養須在敬，進學則在致知。

又說：

知者吾之固有，然不致則不能得之

此蓋指良知而言。因爲他分『知』爲二——一是『見聞之知』，卽所謂後天的經驗，一是『德性之知』，卽所謂先天的良知。先天良知，本吾所固有；然恐爲氣質所蔽，所以不能不由學以致之。如他所說，人苟肯力學，下愚亦未嘗不可以移。就是天才不可及，而積學則理進，愚亦可明，柔亦可强。語錄中有二則答問說：

> 曰：『下愚所以自暴自棄者，才乎？』曰：『固是也。』『然是不可移不得？』『性只一般，豈不可移？卻被他自暴自棄，不肯去學，故移不得，使肯學也有可移之事。』
>
> 問：『人有誦萬言，或妙絕技藝，此可學否？』曰：『不可。大凡所受之才，雖加勉强，上可少追，而鈍者不能使利也。惟理可進，除是積學之久，能變化氣質，則愚必明，柔必强。』

至說到積學之功，則一在於『疑』，一在於『思』。所以說：

> 學者先要會疑，（語錄）

又說：

> 何以窒其慾？曰：思而已矣。學莫貴於『思』，惟『思』爲能窒慾。曾子之三省，窒慾之道也。

小程子所謂『窒慾，』卻和道家所謂『絕慾』不同；他是重在反省，以收『性其情』的功用。

（3）是『毋自小。』語錄上有一篇說：

道孰爲大？性爲大。千里之遠，數千之人，其能動靜起居，隨若忘矣。然時而思之，則千里之遠，在乎目前，數千歲之人，無異數日之近；人之性則亦大矣——噫！人之自小者，亦可哀也——，夫人之性一也，而世之人，皆曰：吾何能爲聖賢？是不自信也，其亦不察乎？動物有知，植物有知，其性自異，但賦性於天地也，其理則一。

此言人性的發展力極大，人人皆可以爲聖賢。只要能『敬，』能『學，』自然就能明燭千里，識周百世。可惜世人皆把自己的能性看小了。所以小程子也就不勝致其慨憤。

（九）

本節就要專述朱熹的論性學說了。朱子本是一個宋學的代表人物；他的哲學，是真能集周邵張程的大成。所以說起他的學說價值，確有左列三點：

（1）能繼續周邵張程之學，發揮光大。

(2)能開創科學的方法，構成經驗主義的學派。

(3)能組成有系統的心理學。

現在要敍述朱子的『性論』有三部分不能不先行說明的：(一)是他的形而上學的理論；(二)是他的宇宙發生論；(三)是他的心理學概說。待此三部分說完，然後才可專述他的論性學說因爲這三部分與性論皆有直接間接的關係。

先說第一部分　朱子的形而上學的理論，仍是繼承周敦頤的『太極』和二程的『理氣相關說』。可是他提出一個『理』字，特別注重，特別討論，比較周程，頗覺不同。他是認定『理』爲宇宙萬物的本原；天道人事進行的準則，世間一切現象，由此而生；一切作用，由此而起。未有萬物以前，『理』已經存在，既有萬物以後，『理』更隨在皆是。他把這個『理』，當於周子所說的『太極』。所以說：

『太極』只是一個理字。(語類)

『太極』只是天地萬物之理。在天地言，則天地中有『太極』；在萬物言，則萬物中有『太極』。未有萬物之先，畢竟是先有此理。動而生陽，亦是此理；靜而生陰，亦是此理。(同上)

『太極』非別爲一物，卽陰陽而在陰陽，卽五行而在五行，卽萬物而在萬物；只是一個『理』而已因其極至，故名曰『太極』。(同上)

天地之間只有動靜兩端，循環不已，更無餘事，此之謂『易』，而其動其靜，則必有所以動靜之『理』。是則所謂『太極』者也。(同上)

『理』和『太極』相當，朱子認他爲萬物根本，所有宇宙萬物本體，固然是理；就是宇宙萬物現象的表現和一切作用的構成，也不能把『理』離掉。所以由無生物以論到有生物，由低等有生物以論到人生，其所以生存，自然也是不能外此根本之『理』。而人生的根本，是『心』是『性』，所以『心』也是理，性也是『理』，理也就是『太極』。朱子在太極圖註上說：

性，猶太極也，心，猶陰陽也。太極只在陰陽之中，非能離陰陽也。然至論太極，則太極自是太極，陰陽自是陰陽。惟性與心亦然，所謂一而二，二而一也。

朱子把『理』看得如此之重，說得如此之詳，於此已可見一斑了。

可是和『理』相對的，還有一件東西，什麼東西呢？就是『氣』，在北宋諸儒論氣地方也很多，但是從沒有及得上朱子那樣發揮盡致的。朱子是認定理與氣這兩樣東西，是相對待，而不可相分離。所以說：

太極理也，動靜，氣也。氣行則理亦行，二者常相依而未相離也。（語錄）天地之間，有理有氣，理也者，形而上之道也，生物之本也。氣也者，形而下之器也，生物之具也。（同上）

有斯理卽有斯氣，氣則無不兩者，故易曰：『太極生兩儀，』而老子乃謂：『道先生一而後乃生二，』其察理亦不精矣。（同上）

有斯理卽有斯氣，但理是本。（同上）

未有天地之先畢竟也只有是理，有此理便有此天地。若無此理，便亦無天地，無人無物，都無該載了。有理便有氣，流氣發育萬物。（同上）

理是『體』而氣則是『用』，理是本而氣則是枝葉條幹。無用則體無由成，無枝葉條幹，則本亦無由立。朱子各舉出一個東西以代理氣，如易所謂『道，』所謂『器，』如漢儒所謂『五常，』所謂『五行，』殆仍沿用古代相傳下來的舊說。

〔附註〕『五常，』卽所謂『仁義禮智信，』『五行，』卽所謂『金木水火土。』五常爲『道』爲『性』五行則爲『器』爲『物』。此本是漢儒舊說，宋儒亦沿用之。所以清代陳澧作漢儒通義，意在調漢宋，表明宋儒所說，並非和漢儒相背。於是朱子復由形而上學的『理氣二元論』說到人生，也是同樣具有此理氣兩樣。他說：

人之所以爲人，其理則天地之理，其氣則天地之氣；理無跡不可見，故於氣觀之。蓋理之爲體，平等惟一，而氣之爲用，差別萬殊。

又說：

氣聚成形，理與氣合，便能知覺。

可見人之成形，也是由於氣的凝聚；但是其所以成的，則有根本之理在。不獨人如此，鳥獸草木也無不如此。所以說：

以意度之，則此氣是傍這理行，及此氣之聚，則理亦在焉。蓋氣能凝聚造作，理卻無情意，無計度，無造作。只此氣凝聚處，理卻在其中。且如天地間人物草木禽獸，其生也莫不有種，定不會無種了，白地生出一個物事，這個都是氣。若理則只是個潔淨空闊底世界，無形跡，他卻不會造作。氣則能醞釀凝聚生物也。

又說：

理與理妙合，而後萬物從以生。

他以爲人生有理而後有性，有氣而後有形。性最近於理的，並可以簡直說『性就是理。』氣近於形的，雖未能說『氣就是形，』但形由氣成，非形氣亦無所附。並且氣性理這三樣東西關係是極其密切。所以說：

有此氣爲人，則理具於身，方可謂之性。

理氣本無先後可言，然必欲推其所從來，則須說先有是理。然理又非別爲一物，卽在乎是氣之中。無是氣，則理亦無挂搭處。

觀以上所述，似乎於朱子形而上學的理論也就可以知其大概了。

次述第二部分。朱子推論宇宙萬物發生生長的原因及狀況，頗帶一點自然科學的意味，茲特略述一二。

他以爲天地之間只是一個氣，氣有動有靜，就其所以動靜之本以言，則叫做『理；』

就其動靜之迹以言，則叫做『氣。』理是本然，是實體；氣是作用，是現象。理是專一，氣是萬殊。理是宇宙萬物發生之本，氣是宇宙萬物成長之用。萬物生生不息，可以說他是出於理，也可以說他是由於氣。我們且看他論宇宙成因的幾段話如下：

天地初開，只是陰陽之氣。這一個氣運行，磨來磨去，磨得急了，便拶許多渣滓，裏面無處出，便結成個地在中央。氣之清者，便爲天，爲日月，爲星辰。

天居四時，地居其中，減得一尺地，遂有一尺氣，但人不見耳；此是未成形者。及至浮而上，降而下，則已成形者。若融結糟粕煨燼，卽是氣之渣滓。要之，能示人以理。

天地始初混沌未分時，想只有火水二者；水之渣腳，便成地。今登高而望羣山，皆爲波浪之狀，便是水泛如此。只不知因甚麼時凝了，初間極軟，後方得凝硬。

並且論宇宙所以成立狀況說：

天地之形，如人以兩碗相合，貯水於內，以手常常掉開，則水在內不出，稍住手則水漏矣。

因而他又推論萬物所以成長的原因和狀況說：

造化之運，如磨上面，常轉而不止；萬物之生，似磨中撒麪，有粗有細，自是不齊。

晝夜運而無息，便是陰陽之兩端。其四邊散出紛擾者便是游氣，以生人物之萬殊。如麪磨相似，其邊只管層層散出。天地之氣，運轉無已，只管層層生出人物。其中有粗有細，如人物有偏有正。

他又推論人初生時，由於氣化，以後乃有種子。因而說：

問：『初生一個人時如何？』曰：『以氣化，二五之精合而成形；釋家謂之化生，如今物之化成者然，如蝨然。』

觀以上所引各段的話，雖未必真能和最近科學一一吻合；但在七八百年以前，已能具有如此理想的確也算不容易了。

朱子以爲天地萬物之生存，純由於自然不易之定理。彼之所謂『理，』以今語釋之，就是『自然律。』萬物皆受自然律的支配，人生在宇宙中間，自然也不能獨異。『理和氣』在形而上學上講，本是一個抽象名詞，可是論到自然科學上面上，那末所謂『氣，』又漸漸近於具體或實物了。朱子論『氣』確是有時作爲抽象名詞，又有時作爲具體名詞，如所謂：『地卽氣之渣滓，』『氣稟』『血氣』皆是和具體的實物相近。

再述第三部分。中國古代學者對於心性，雖好研究，卻是有系統的心理學，則發達頗遲。這是因爲科學不甚發達的原故。朱子討論學術，好深思，好窮理，方法卻是近於歸納；是以和近代科學的精神頗相合。現在可把他組織心理學的大概情形說一說。

自來談心論性的學者，所有立說，皆是籠統的，神祕的，推想的，倫理的，玄學的。若是赤條條的認定心理學問題，純用科學的研究，分析的觀察，實在是很少很少。朱子論性，卻也未能脫離了哲學的倫理學的範圍；可是他能把心的作用，心的現象分析開來，組織成一個較明晰的系統，由周以至於宋，可說得是第一人了。汪震先生說朱子對於心理學有極大貢獻兩點：(一)研究的對象擴大；(二)是能將散亂材料，加以組織。這是不錯的。（見汪著中國心理學史上的戴震）

第一，他能就各種物體，加以比較，區別其有無生命，有無心靈。試看他的說法怎樣，他說：

天之生物，有有血氣知覺者，人獸是也。有無血氣知覺，而但有生氣者，草木是也。有生氣已絕，而但有形質臭味者，枯槁是也。是雖有其分之殊，而其理則未嘗不同；但以其分之殊，則其理之在是者，不能不異。故人爲最靈，而備有五常之性。禽獸則有而不能備；草木枯槁，則又並與其知覺者而亡焉。但其所以爲是物之理，則未嘗不具耳。這一段話，仍是爲說明理一氣殊之理。但比較研究，已具端倪；且對於生物能實地觀察，更爲後來學者開一方便法門。

第二，他能就各種心象加以區別，並且各下一個定義。

(1)『性』——人之所稟於天，而虛靈不昧，以具衆理而應萬事者也。

(2)『情』——情是性之發，感於物而動。

(3)『欲』——欲是情發生出來底。

(4)『才』——才是心之力，是有氣力去做底。「底」字用原文

(5)『心』——心者氣之精爽。心是『生』。

(6)『意』——意因有情而發，是主張怎樣去實行的。

(7)『志』——志是心之所之，一直去底。

（8）『思慮』——思慮是窒欲的工夫，對於一事未行之先，爲之抉擇其是非可否。

〔附註〕前邊性情欲才心五項定義，多取汪震先生之說。（見汪著中國心理學史上的戴震）

如此分析研究，心理學的骨幹，可說是已經成立了。從前的人，對於心理各種現象，多不肯作詳晰的說明，明確的解釋。一直到了朱子，纔算是具有基礎。

第三，他能說明各種心象交互的關係和區別。從前邵雍卻有『心是性的郛郭，』『身是心的區宇，』『物是心的舟車』種種說法；張載也有『心統性情』的說法，程頤也有『論氣不論性不備，論性不論氣不明』的說法；朱子皆讚賞之，認爲是顚撲不破之論。於是他也說明各種心象的關係。

（1）論心和身的區別，說：

如肺肝五臟之心，卻是實有一物。今學者所論操舍存亡之心，則自神明不測。故五臟之心受病，則可用藥補之。這個心則非菖蒲茯苓所能補也。（語錄）

這是區別『生理』的心和『心理』的心的所以不同。

（2）論心和性情及命的區別和關係說：

心以性爲體，心將性做餡子模樣。

性者，心之理；情者，性之動；心者，性情之主。

性對情言，心對性情言。合如此是性，動處是情，主宰是心。

有是性便發出這情，因這情便見得這情，因今日有這情，便見得本來有這性。

蓋性是未發，情是已發。

若以穀譬之，穀便是心，那爲粟爲菽爲禾爲稻底是性。康節所謂『心者性之郛郭』是也。包裹的是心，發出不同的是性。心是個沒思量的，只會生。又如喫藥，喫得會治病，是藥力；或涼或寒或熱，是藥性。至於吃了有寒證，有熱證，便是情。

性以理言，情乃發用處，卽管攝性情者也。

心，主宰之謂也。動靜皆主宰，非是靜時無所用，及至動時，方有主宰也。言主宰則混然體統，自在其中。心統攝性情，非儱侗分性情爲一物而不分別也。

性只是理，情是流行運用處。心之知覺，卽所以具此理而行此情者也。具此理而覺其爲是非者，是心也。此處分別，只在毫釐之間，精以察之，乃可見爾。

心之全體，湛然虛明，萬理具足，無一毫之間。其流行該徧，貫乎動靜，而妙用又無不在焉。故以其未發而全體者言之，則性也；以其已發而妙用者言之，則情也。然心統性情只說渾淪一物之中指其已發未發而爲言，非是性是一個地頭，情又是一個地頭，如此懸隔也。

在天爲命，禀於人爲性，既發爲情。此其脈理甚實，仍更分明易曉。惟心乃虛明洞澈，統前後而言之耳。

他還有一段說心和『情』『命』的關係，作一個最妙的比喻說：

命猶誥敕，性猶職事，情猶施設，心則其人也。

並於心命性之外，復加入氣禀，以作譬喻，說：

天之所命，固是均一，到氣禀處便有不齊，看其禀得來如何。禀得厚，道理也備。嘗謂：命，譬如朝廷誥敕；心，譬如官人一般差去做官；性，譬如職事一般：郡守便有郡守職事，縣令便有縣令職事，職事只一般。天生人，教人許多道理，便是應付人許多職事。氣禀譬如俸給：貴，如官高者；賤，如官卑者。富，如俸厚者；貧，如俸薄者。壽，如三兩年一任，又再任者。夭者，如不得終任者。朝廷差人做官，便有許多物一齊起來。

在他論性情的關係中，有一點可令人注意的，就是從前的人，皆以爲性是善的，情是惡的。如邵雍所說：『任我則情，情則蔽，蔽則昏』一派的說法。但朱子所說，絕不是這樣籠統。他以爲性善是不錯的；但對於情，也未嘗說他是絕對不善。有時對於性情平等看待。如孟子所說的四善，他便說是情，不是性。所以說：

性不可言，所以言性善者，只看他惻隱辭讓四端之善，則可以見其性之善。如見水流之淸則知源頭必淸矣。四端情也，性則理也。其本則性也。如見影知形之意。

又說：

性是心之道理，心是主宰於身者，四端便是情，是心之發見處。四者之萌，皆出於心，而其所以然者，則是此情之理所在也。

又說：

孟子言：『惻隱之心，仁之端也。』仁，性也；惻隱，情也。此是情上見得心。

〔附註〕孟子所言性情兩者本無區別。道家乃始分性情爲二，以爲性是靜的善的，情是動的惡的。卽佛家亦頗有如此主張。如朱子此論，則已比較得圓活多了。

(3)論『心』『情』『欲』的區別及關係。　他曾以水流波瀾爲喩。說：

欲是情發出來底。心如水，性猶水之靜，情則水之流，欲則水之波瀾。但波瀾有好底，有不好底。欲之好底，如我欲仁之類；不好底，則一向奔馳出去，若波濤翻浪。大段不好底，欲則滅卻天理，如水之壅決，無所不害。孟子謂情可以爲善，是說那情之正，從性中流出來者，元無不好也。

他又分別情欲之『欲』和『愛』不同。看答或問：『可欲之謂善之欲如何？』的話，說：

不是情欲之欲，乃是可愛之意。

此處卻令人有一點不明白，情欲是欲，是指不好的而言，難道『愛』就是善的麽？如口愛美味，目愛美色，耳愛美聲，你能說他不是愛，不是出於欲麽？愛本是欲的進一步，就心象活動上說，固然不同；但就根本上說，未必就有怎樣大大不同之處。如說對於欲之正的是愛，欲之不正的是情欲。故有此種界限，以資區別，也就未免太牽强了。

以上所說三段既完，可以繼續論到朱子性的本論了。現在可分三段以資論述。

第一，理氣二元的界說。　分性爲天地之性和氣質之性爲兩種，其說本創自張載程頤。蓋純取道家歷代相傳『性善情惡』之說，復證以樂記所謂『人生而靜，天之性也；感於物而動，情之欲也』二語，遂認爲真確不移的定論。以爲如此說明，既不背於孟子性善之論，而對於後天人格的修養——教育作用——亦能融會貫通。於是朱子對於此說，更復加以發揮，而於程子『性卽理』之說，『理氣相關』之說，尤能爲精密明確的規定。他說：

　有天地之性，有氣質之性。天地之性，則太極本然之妙，萬殊之本也；氣質之性，則二氣交運而生，一本而萬殊者也。

這是就以前諸家所說，融會爲一，才得這一個結論。又說：

　論天地之性，則專指理而言；論氣質之性，則以理與氣雜而言之。以理言之，則不全；以氣言之，則不能無偏。

凡是自然，皆是好的；凡是人爲，皆是壞的。此本是自然主義的道家一種最重要觀念。宋儒論性，區分出天地之性，超乎人性之上，因有『性卽理』之說。蓋謂這個性是天性；性所具的理，就是『天理』而人生而靜以上時，已經有了。——甚且謂在未有形體以前，已經有了。這種說法，的確是帶有一點神祕性在內。他們其初尚把一個『性卽理』的『理』字，認為出於自然的一種定律——所謂『自然律』繼乃謂天以理賦之於人，則理卽在人，而表之於性。所以就性之本來說，是天地之性；就性之在人說，卽是義理之性。至此則已將自然律的『理』一變而為人類主觀所認定的『理』了。

這一種受於天具於人的理，是不可見的，是超越時間空間的。只有一個理字，猶恐不能形容，所以又加上一個『義』字，認此為先天所固有，本來具於人心。但是人性又何以有惡呢？於是乃於本然之性外，又添出一個氣質之性。氣質之性，是因有身而後才有的。朱子說：

天命之性，無氣質，便無安頓處。（語類）

性非氣質則無所寄，氣非天性則無成。（同上）

他是承認氣質是非有不可的，無氣質，則天然本來之性，也就無處安頓。那末，照這樣說，人的一身有兩種性附着了：一是由天理來的，所謂在未有人生以前已有天理存在。如大程子所說：『人生而靜以上不容說』不容說，就是說此時尚不能稱性；到有了人身，此理便存於人身，和氣質之性合在一塊。一是人成形後才有的，有生以後自然就有氣質之性，發生出來。可是這種氣質之性，雖和由天理而來的本性，合在一塊，而固有的一種『理』仍復存在人心之中。所以認定第一部分的來源，是純正的；第二部分的來源，是雜而偏的。譬如流水，他的來處本是清潔源頭；但流出之後，不能不夾泥沙，因爲水流必近地，近地必有泥沙，不近地不能成爲流水，近地自然就會夾入沙泥。人性也是這樣，有性必有形，有形便是氣質，水不能不近地而流，人性也不能不渾氣質以存在。因於本然之性外，又加上氣質之性。亦猶水從清潔源頭流出，不能不夾入泥沙一樣。非夾泥沙，不能成流水，猶之非含氣質，不能成人性。所以說：

人生而後方有這氣，有這物欲，才可言性。

氣質之性，如周子所謂剛柔善惡中，其間是有好有壞。若是天地之性，則是仁義禮智信，其間自然是有善無惡。所以說：

所謂天命之性者，是就人身中指出，這個是天命之性，不雜氣質而言爾。

如此說性，在宋儒總以爲得性命之奧，窮天地之微；至朱子則更切實加以精密的規定，把理字的效能又加上數倍。但仔細按之實際的人類生活，頗覺不能貫通。第一，要問一問：根於天具於人的理——所謂義理之性，究竟在什麽地方？我們從何處去體驗他呢？第二，要問一問：既有身，才有性，性是不能不動的，而有情有欲，也是根據於自然律而來，又何嘗不出於理——『自然律』呢？從何證明這種性和另外超越人生的一種性不同呢？第三，要問一問：善不善的界限，究竟如何分畫呢？靜而不動時——卽所謂喜怒哀樂的未發時，這個時候，從那裏證明他就是善呢？總之，人性有所感，有所欲，是一定不移的；若眞無所感，無所欲，正是如王安石所謂『木石』了，又從何處再說他是性呢？論人生的性，夾入形而上學的理，實在是不合於實際生活，無怪乎到了清代，就有一班反對派出來。此是後話，暫且不說。

第二，論『天』『命』『理』『性』的同源，及人性和物性的差異。朱子語類有一則，錄如下：

問：天與命，性與理，四者之別。天則就其自然者言之；命則就其流行賦於物者言之；性就其全體而萬物所得以爲生者言之；理則就其事事物物各有其則者言之。到得合而言之，天卽性也，命卽情也，性卽理也。是如此否？曰：然。

此外論四者交互相關的地方，也很多，不具述。

朱子雖認定萬物由天理——卽宇宙本體——而生，所謂『天下無無性之物。』但是他總認定人性物性，究有不同之處。所以說：

物之運動蠢然，若與人無異，而人之仁義禮智之粹然者，物則無也。

他又以為雖是人和物的性不能相同，但是其間亦有相同的地方；其所以不同的原故，因為人性易變，而物則拘於形氣不易變。所以說：

身之中裏面有五臟六腑，外面有耳目口鼻四肢，這是人人都如此。存之為仁義禮智，發出來為惻隱羞惡恭敬是非，人人都如此。以至父子，兄弟，夫婦，朋友，君臣，亦莫不皆然。至於物亦莫不皆然。但物拘於形，拘於氣而不變。然亦就一角子有發見處看，他也自有父子之親；有牝牡，便是有夫婦；有大小，便是有兄弟；就他同類中各有羣衆便是朋友，亦有主腦，便有君臣。亦緣本來都是天地所生，共這根蔕，所以大半相同。

物性何以不易變，人性何以易變呢？他說：

人之性，論明昏；物之性，只有偏塞。暗者可使之明；已偏塞者不可使之通也。

所謂明昏偏塞，也不過是一種假想說法。在北宋諸儒，對於人物兩性的區別，本已有所說明，到了朱子，則界說更覺明確了。

第三，論修養性的工夫。宋儒論性，皆歸往到教育兩字，這一點卻是儒家的正宗。他們以爲：天理雖存於人性之中，而因受氣成形以後，中途加入一個氣質之性，所以就不能不有修治工夫，以求存性而復其初。可是，朱子學說中有一點可注意的，就是他不認有『生知之聖』的說法。他說：

陸子靜說良知良能四端等處，且成片舉似經語，不可謂不足。但說人便是如此，不假修爲存養，此卻不得。譬如旅寓之人，自家不能送他回鄉；但與說云：你自有田有屋，大段快樂，何不便回去？那人說無資送，如何便回去得？又如脾胃傷弱，不能飲食之人，卻硬要將飯將肉塞入他口，不問他喫得與喫不得。若是一頓便理會得，亦豈不好？然生知安行者，豈有此理？便是生知安行，也須用學。大抵子思說『率性，』孟子說『存心養性，』大段說破。夫子更不曾說，只說孝弟忠信篤敬，蓋能如此，則道理便在其中矣。

朱子最注重一個『學』字，以爲：『生知安行，』是沒有的事，卽使眞是生知安行，也不能不學。所以比之遠客未歸之人，要回家，自然是他的本意，但不是空口說回家的好處，他便能回去，一定要代他籌好旅費，方才可以達到回家的目的。這是和周敦頤所說『性焉安焉之謂聖』的話，絕對不同。就朱子這話，推論起來，就是具有可以做聖人之性，不學也不能成聖人。這一點不但是優乎陸王，並且是高出北宋諸儒。

至於他所說的方法，卻在『知』『行』兩字，他以爲：『行』本是重要的，但論起爲學的次序，則仍須先知後行。『致知在涵養之先，窮理在集義之先』欲求知首重窮理，窮理是爲學的主要工夫，也就是力行的基本方法，所以他說：

學聚問辨，明善擇善，盡心知性，此卽是知；皆始學之功也。

惟其窮理，乃可以盡性，所以他的教育主旨，在於提高人格，以爲人人皆當負有窮理盡性的天職，應以學問爲一己性分以內的事。所以說：

凡人須以聖賢爲己任，世人多以聖賢爲高，而自視爲卑，抑不知使聖賢本自高，而己別是一樣人，則早夜孜孜，別是分外事，不爲亦可，爲之亦可。然聖賢稟性，與常人一同，既與常人一同，又安得不以聖賢爲己任？自開闢以來，生多少人，求其盡己者，千萬人中無一二，只是滚同枉過一己。

又說：學問是自家合做底，不知學問，則是欠了自家的，知學問，方爲無所欠闕。今人把學問來做外面添底事看了。

又說：爲學在立志，不干氣稟强弱事。

這是說人皆當做窮理盡性的工夫，無自餒，無自外。講到做的時候，又有三點：

(1)是『求心』 求心本是孟子的一句老話，但照朱子講起來，就覺得發揮更透澈了。他以爲這個『心』是『本心』， 本心就是『天理』，所以要去求他。(一)要叫心不昏昧。(二)要叫心有安頓的地方。(三)要叫心曠然大公。(四)要叫心廣大以積道。

(2)是『主靜』。主靜也是求放心的一種手段，就是叫人把心收斂起來，放在一己所做的事上，所以他主張靜坐，而又辨明不是和佛家坐禪入定一樣。所以說：

靜坐非是要如坐禪入定，斷絕思慮，只收斂此心，莫令走作閑思慮，則此心湛然無事，自能專一。及其有事，則隨事而應事已則復湛然矣。

(3)是『持敬。』敬的注解，就是『主一，』就是叫人『精神集中。』依朱子說：如孔子所謂：『克己復禮，』中庸所謂：『致中和，尊德性，道問學，』大學所謂：『明明德，』書所謂：『人心惟危，道心惟微，惟精惟一，允執厥中。』皆是一個『敬』字的工夫。因『敬』則性明，性明則天理復。所以他說：

聖賢千言萬語只是教人明天理，滅人欲。天理明，自不消講學。人性本明；如寶珠沈溷水中，明不可見；去了溷水，則寶珠依舊自明。自家若得知是人欲蔽了，便是明處；只是這上便緊緊著力主定，一面格物，今日格一物，明日格一物，正如游兵攻圍拔守，人欲自消鑠去。所以程先生說敬字，只是謂我自有一個明底物事，在這裏，把個敬字抵敵，常常存個敬在這裏，則人欲自來不得。夫子曰：『爲仁由己，而由人乎哉？』緊要正在這裏。

以上三項，皆是內觀的工夫，省察的生活。注重在一個『心，』在一個『理。』心，要求得『本心；』理，就是求得『天理。』因又提出一個『仁』字來貫串一切。他認定『仁』是能包天地之心所有復性盡性之功，皆可以歸來到『仁』上；並且辨明『知覺』是仁之一端，並不是仁；『愛』是仁之迹，並不是仁。公與仁近，還不能就說是仁；因公則無私，僅可見仁之體。所以朱子答周明作的問，說：

謂私欲去後，仁之體見則可；謂私欲去後，便爲仁，則不可。

朱子又辨正金正升所說『無私是仁』的話，道：

謂之無私欲然後仁則可；謂無私欲便是仁，則不可。蓋惟無私欲而後仁始見，如無所壅底而後水方行。

他又確定『仁』的界限，說：

無私是仁之前事；與天地萬物爲一體，是仁之後事。惟無私然後仁，惟仁然後與天地萬物爲一體。

朱子說到仁的體相，則謂：

仁字說到廣處，是全體。（朱子是把『仁』括一切道德）惻隱慈愛底，是他的本相。

說到仁的功用，則謂：

仁是根，惻隱是萌芽；親親仁民愛物，便是推到枝葉處。

朱子以形而上學的理論推究到人生道德，所以要把人的心擴大起來，和天地之心一樣，正如孟子所謂『萬物皆備於我』的氣象。這個心拿什麼來代表呢？就是一個『仁』字，所以認仁爲善之根，心之本，理之所存，性之所在。

朱子論性推究到這個地步，自然就不能不把一個『欲』字，特地提出來，如官軍對於著名劇匪一樣，一定要懸出賞格以期必獲了。蓋旣認天理人欲，兩者不能並存，自然也就有『不出於理，則出於欲，不出於欲，則出於理』明確固定的結論。他以爲：一個心理的趨向，只有兩條路可走，一邊是『理』一邊是『欲，』君子小人之分，就是在此一點。所以想做君子的人，必定要做到『人欲淨盡天理流行』的程度，乃可以無愧。

可是，這位『欲』先生，也未免太枉屈了。『欲是由情發出的，』這句話不是朱老夫子親口說出來的嗎？可憐一位『情』先生，從前不知道已經受了許多哲學家的奚落，到了朱老夫子，總算把他輕輕的赦免了，不惟宣告無罪，並且把他已降下去的身分又特別提高起來；我在上文曾經說過。現在不嫌冗贅，可補引語類的一節，寫在下面：

仁義禮智性也。性無形影，可以摸索，只是有這理耳。惟『情』乃可以得而見。惻隱，羞惡，辭讓，是非是也。故孟子言性，曰：『乃若其情，則可以言善矣。』蓋情無可見，觀其發處既善，則其性之本善必矣。

『性』本是『理』的代表人，但是因爲他無形無影，叫人無從摸索，所以朱子乃又請出一個『情』來做性的代表，因而說情善也就是性善。那末情既善，欲是由情發生的，（朱子的主張如此）何以就一惡至此呢？我怕朱老夫子也不能自圓其說罷！

況且就『惻隱之心是善端』一句話來講，凡是由『仁』端發出的行爲，能保得住皆是善的嗎？只愛其子的人和兼愛鄰子的人相比較，則兼愛爲仁，只愛己子，不愛鄰子的，就要算私了。你能說，只知愛己子的人，不是惻隱之心麼？說到這裏，可知道德與非道德之分，只看比較的結果怎樣。因自愛其身而害他人之身，雖出於仁愛，而亦不能不認他爲惡，如墨子所說：『盜愛其室，不愛其異室，故竊異室。賊愛其身，不愛人，故賊人以利其身。』（見墨子兼愛上）是盜賊行爲，亦且純出於愛了。反轉過來說：若是因愛羣衆而自賊其身，則雖出於殘忍，而亦不能不認他爲善。這正是古人所謂『殺身成仁』了。情是如此，欲也是如此，飲食之欲，爲養其身，自食其力，則是一個好人，奪人之食，便是一個壞人。男女之欲，爲殖其生，婚姻以正是一個好人，若重婚，若苟合，便是一個壞人。試問我們對於飲食男女兩個大欲，能一口咬定，說他是惡麼？論到這種欲的根本性質，可能說他是人欲，是和天理相反麼？可能說他是私欲，是大逆不道麼？求配偶是爲一己所專有，求食品是先滿足一己的欲望，又何能不說他是私呢？這本至淺近的理，一經說破，人人皆懂。乃自北宋有了性分爲二元之說，到了朱子，竟精鍊又精鍊，簡約復簡約，竟至鑄成『理欲兩元論』的定理，幾乎和科學上的原理一樣。這真是不可思議的事。其初彼等還說氣質之性，有善有惡，到了撇開情而專言人欲，則欲有善有惡之說，也就不多見了。如說私欲是夾入後天一部分習性在內，例如好欺詐，好自私的欲念，其中確是有因後天習染的結果。那末，對於此種夾入習染的性欲，認他是惡，還可以說。如是認定由情而發的先天欲望，强指爲人欲，强指爲私欲，或逕稱爲欲，因而竟一口說定這樣東西是千惡萬惡，和善的理，不能幷立，非把他滅絕不可。如何能得其平呢？試問我們人類要不要生活着？既要生活着，便可以大膽說一句：『不能沒有欲』。

（下篇述戴震學說，關於此點，辨論最詳）

平心而論，當時在宋儒——尤其是朱子——如此立說，也未必想到自己所說的不對；況且他們的一片救世婆心，望人爲善學好，的確也是不錯。可是因爲說得太極端太固定，遂不免有了流弊發生。至於他們的優點，仍然是不可磨滅的。

此外朱子復有批評宋以前諸家論性學說的話，我本想略敍一敍；但是本節所說的話，已經太多了，此處只好從略。

（十）

除朱子以外，比較朱子前一點的，有胡宏張栻兩人，和朱子同時而學派不同的，有陸九淵一人。至元明兩代學者論性之說雖不少，但多數不出宋儒範圍，所以我現在只就胡張陸三人論性的學說略述一下，其餘則暫付闕如。

（一）胡宏　胡氏作知言一書，關於論性，頗多奇特之點。他主張心性一致，謂『心無生死』所謂無生死之心，就是虛靈知覺之性。因而說：

氣之流行，性爲之主；性之流行，心爲之主。（知言）

他以爲：心的體極大，性的體也極大。因認定性爲宇宙萬物根本原理。所以說：

大哉性乎！萬理具焉；天地由此而立矣。（同上）

並且譏評世儒之論性，多失體之全體；因而繼續說：

世儒之言性者，類皆指一理而言之爾，未有見天命之全體也。（同上）

他是以天命之全權爲性，所以說『性是天地之所以立。』世儒如孟子荀子昌言性善性惡，皆不指性之一理，實未能得性之全體。他的意思，殆以性爲絕對的至善，超乎一切善惡形象之上，不可以人意指定。其結論則在『盡心』因爲心爲性之主宰，能盡心則能『成性。』朱子對於他的學說，頗不滿意，一則以其『心無生死』之說，是近於佛學，足以駭學者之聽。二則對於『成性』一語，謂爲可疑，因斷其所說是近於告子。並以其言高遠，非教人之道。大致胡氏學說，也是近於神祕一派呵！

（二）張栻　張氏論性，仍是繼承程張，分性爲二元。其間特異之點，約而舉之有二：

（1）是對於『心』特別注重。以爲人能全天地之性，有所主宰，就是爲人之心。人能異於其他動物，就是在此一點。並謂佛氏所存的心，是私心；儒家所存的心，是公心。所謂求放心，也就是求公心，公心存則公理亦存。公心存則當爲的無不爲，私心存則當爲的無所爲。張氏以爲佛氏是自私自利不知天，不知天，也就是不知天地之性。

(2)是明義利之辨。所謂義，就是指『天理』所謂利，就是指『人欲之私』並謂聖賢做事，皆是『無所爲而然』凡是有所爲的，皆是人欲之私，不是天理。

(三)陸九淵　陸子哲學的根本觀念，是把心與宇宙混成一片，所以說：『宇宙卽吾心，吾心卽宇宙。』比較起來他的學說中，論心之處很多，而專論性之處卻很少。他說『心就是宇宙，』又說：『塞宇宙是一理，』因而有『心即理之心』之言。蓋主張固有之良爲先天所具，所以說：

此理本天所以與我，非由外鑠我，明得此理，卽是主宰，真能主，則外物不能移，邪說不能惑。(與曾宅之書)

他也是推闡孟子性善之說，特把心看得十分重要。因而又說：

蓋人受天地之中以生，其本心無有不善，吾未嘗不以本心望之。(與王順之書)

其平常與學者言，則謂：

汝耳自聰，目自明，事父母自能孝，事兄自能弟，本無少缺，不必他求，在乎自立而已。

（語錄）

他提出『本心』二字，本心也就是『本性』提出『自立』二字，自立也就是『求放心。』他也兼說氣質，但他只說氣質，卻不明言氣質之性，所以批評韓愈原性文，說他將氣質做性。（見語錄）同時朱子有幾句話批評他，說：

陸子靜之學，看他千般萬般病，只在不知有性質之雜。把許多粗惡底氣，都把做心之妙理，合當恁地，自然做將去。

所謂『不知有氣質之雜』就是說陸子不明氣質之性。

第五篇

（一）

清代學術思想，對於宋儒理學，概取反對態度；關於論性學說，比較起來，尤爲顯著。蓋因淸儒論性，其根本的觀念有五種：

(1)以爲宋儒是夾雜老佛，並不是純粹儒家之說；如論性善，就不是純粹同於孟子之所謂性善。

(2)以爲宋儒論性，把性分成兩概，是背於實際生活。

(3)以爲宋儒之所謂理，說是『如有物焉，得於天而具於心，』實在是令人不可捉摸。

(4)必有身而後有性，宋儒輕視氣質，謂超乎氣質之上，復有一個義理之性；這是事實上絕對所無。

(5)宋儒以爲天理人欲，不能並存。不知天理這樣東西，非從人欲上看不出來，人欲又何嘗竟是絕對不善呢？無欲則無爲，無爲則理亦不能存在。如宋儒嚴定理欲的界限，是極不可通。

基於以上所列五種根本觀念，遂認定宋儒論性，大有流弊。於是第一個首舉叛旗的，就是顏元，繼起的第二個就是戴震。他們兩個人，皆是極力推崇孟子，自謂是擁護孟子性善說的勇士；因爲推崇孟子，擁護孟子，所以對於雜入道佛的性論，就不能不大加反對。他們認定老莊佛氏是重神輕生，其所謂道，所謂性，皆是指『神』而言。神是超越形體的一種奧妙不可測的東西，道家言：『長生久視，』以死爲『返真，』就是說『形化而神長存。』佛氏言：『不生不滅，』不生，就是說不受形以生；不滅，也就是說其神長存。由此推論起來，遂把人生歧而爲二，分『血氣』『心知』爲兩本；『血氣』是指物質一方面說的，『心知』是指精神一方面說的。這種說法，在孟子論性的時候，卻絲毫沒有提及。孟子說性善，是說人性本來是善的，後來所以不善，則是或由於外力的壓迫，或由於個人的暴棄，性本是一本，不是分歧。不過僅僅區別人性與物性不同而已。荀子主張性惡，於普通人心知以外，別指出一個禮義的聖心出來；雖把血氣心知，合爲一本；但於一本以外，已經加入了禮義一本。無形之中，竟成了二本了。程朱也是合血氣心知爲一，而另外提出一個天理，認定天理這樣東西，是在未有人類形體以前已經存在；到人類有了形體以後，又復存於人心。因而替他起一個名子，叫做『天地之性』，或『義理之性』，或逕簡稱做『理』。如是有生後心知和血氣拼合起來的東西，就不是得於天而具於心的性，這是什麼呢？宋儒也替他起一個名子，叫做『氣質之性』。義理之性，一定是善的；氣質之性，則有善有惡，不能一定。如是由氣質之性，發出來的一種人欲，就可斷定說他是惡。如此是就一個人身體以內，認爲有兩種善惡相反的性存在：一是拿『理』來代表，一是拿『欲』來代表。聖人是有理而無欲，小人是有欲而無理。要由普通人做到君子，則須加上一番工夫去欲而存理。宋儒這樣論法，可以說是遠本於荀子所謂『聖心』，近本於老佛所謂『神存』。表面上雖是滿口主張孟子性善之說，實則已不是孟子的真正面目了。

老佛把人的一身，分爲形體神識成兩橛，以神識爲人生之本，由此推論到人生以上，自然就以神爲宇宙萬物的根本。宋儒以理在人心，爲心知之本，由此推論到人生以上，自然也就以理爲宇宙萬物的根本。宋儒在表面上，雖是滿口反對老佛，實則和老佛卻很相接近。彼之所謂理，實在無異於老氏所謂『真宰』，佛氏所謂『真空』。論起他的好處，如重視精神生活，自可以養成『殺身成仁』的美德；但其流弊所及，必至責人以不近人情之事，遂令天下好人難做，而完人甚少。又如注重克己工夫，自可以養成省察的生活；但其流弊所及，又必至盡憑主觀以爲判定道德標準；凡是不合於己之行爲者，皆可斥之爲不合理，絕於理。後來『餓死事小，失節事大，』『君教臣死，不敢不死；父教子亡，不敢不亡』……的等等格言，可以說皆從這種理論推演出來。

顏元本是一個極重社會事功的實行家，他既不滿意於宋儒所主張的存理去欲，同時也不滿意於漢儒所注重的名物訓詁。戴震本是一個極重客觀的考證學者，對於漢儒注重名物訓詁，當然不反對；卻是對於宋儒重視主觀不可捉摸的『理』，和輕視人生實際生活的『欲』，就不能不加反對了。至於推崇孟子，自認爲保護孟子性善說的勇士，那是兩人始終一致，毫無區別。所以說起他們兩人的論性學說，皆是以孟子性善論爲出發點，這是確定的。同時他們兩個人對於心理學統系的組織，亦能較朱子的心理學加上一番精密，這也是易見的。

本篇所述，自以顏氏戴氏爲主幹，因爲他們兩位皆是清代性學史上反宋儒的最重要人物。除此二人以外，復取俞樾章太炎兩家其議論固不同於顏戴，但所見也確有獨到之處。其餘就一概從略。

在未敍述四家學說以前，所以有一節引論，蓋純爲辨明清儒顏戴論性，異於宋儒所以然之故，並和俞章兩氏之說無關係，理應在此聲明一句。

（二）

要明白顏元論性的學說，可先看他們一派對於道理兩字所下的解釋是怎樣，習齋四書正誤上說：

道者，人所由之路也；故道不遠人。宋儒則遠人以爲道也。

本來宋儒所謂道，是和道家的道，道教的道一樣。周敦頤的『太極圖』遠本於道書（見朱彝尊經義考）說來已極玄奧。邵雍自立先天之學，內有『出入有無生死者道也，』『先天之道，備於人』等語（見先天卦位圖說及漁樵問答）張載則以清虛太和爲道體。程顥則謂：『離了陰陽，便無道，所以陰陽者道也。』這皆是由天以說到人，不是人所由的道，乃是天所表現的道。故顏氏說他們是遠人以爲道。因而他乃明確下一個定義，說：『道，人所由之路，』以見其和天道無涉。

顏氏一派，對於理字的解釋，則謂：

理者，木中紋理也，指紋理也。（同上）

事有條理，理卽在事中，離事物何所爲理乎？（李塨論語傳注問）

宋儒把『理』字和『道』字作同樣的解釋；所以程頤有『道卽理』之說，朱熹更謂理是和太極相當，太極是萬物之本，所以也就是道。而顏氏等則以理是指紋理條理而言，因而說：

凡事必求分析之精，是謂窮理。

在朱子論道與理的關係，卻也未嘗沒有切於人事指定條理說的，如說：『道卽理也，以人所共由而言之則謂之道；以其各有條理而言則謂之理。』似乎和顏派所言，亦不甚相背。但是他們的根本觀念，實在是不相同。朱子是純認道與理是天所賦的一種東西，而顏派等則謂：『聖人無在倫常之外，而別有一物，曰道曰理者；』可見離了人事，道與理也就絕對不能存在了。

顏氏等對於道理，既有這樣解釋，是純粹把玄學上的道和理，取了下來，作爲社會學倫理學上的道和理。因爲如此，所以對於宋儒所說的性，也就不能相同。宋儒是把道理和性認爲同源而一本，以爲在天爲道，爲理，在人就爲性；所以邵雍說：『性是道之形體，』程頤說：『性卽是理，』『人之本性，卽天地之性。』周敦頤所謂：『主靜以立人極，』也就是以人的本然之性，合於天體。張程分出天地之性和氣質之性，就是就人性內別剔出一個超乎空間時間的先天性來。依顏氏看起來，皆認爲不合於人且遠於人的說法；所以一律加以反對。

顏氏論性，第一個重要觀念，是替程朱和孟子分家。他說：

賢如朱子，而有氣質爲吾性害之言，他何說乎?!噫！孟子於百說紛紜之中，明性善及才性之善，有功於萬世。今乃大賢之諄諄然罷口敝舌從諸要說辨出者，復以一語而誣之曰：『孟子之說，更不明不備，更不曾折倒告子。』噫！孟子果未明乎？果未備乎？何其自是所見，妄議聖賢，而不自知其非也。

這是就朱子所言，指出謬誤，以明其妄議孟子之不當。卽以見宋儒所說，不能同於孟子。宋儒所說，既別有所主，自然不能和孟子性善說相同。吾們看顏氏這一段話，可以知道他是具有三種主見(一)是極端擁護孟子性善之說。(二)是辨明朱子譏孟子之妄。(三)是駁斥宋儒氣質爲吾性害之言。因爲他對於宋儒論性學說，其中有兩點，最反對的：

(1)是宋儒把人類渾然一體的本性，劃分義理氣質成爲兩類。

(2)是宋儒把人類的本然之性，硬說是得之於天，由天理而來，和人生無涉。

顏氏是認定性必附麗於人體，無所謂人生而靜以上；如說到人生而靜以上，是性則已與人無關，實在是無從論性。所以他說：

性字從心，正是指人生以後而言。

若說未有人生以前，卽有理，有了人生以後，理卽在人性之中，因指這一部分的性，說是由天理而來，爲天性本性，天性本性是善的；那末，豈不是於人類普通行爲以外，又別有一種玄妙高遠，不可測度的性靈麽？形體只有一個，性倒有兩個，這是天下所絕無之事；況且沒有氣質，性情也無由表見。性之所在，卽氣質之所在，性既不是形而上的東西，氣質也不是有害於性的東西；有氣質卽不能沒有性，必待有性而後纔以見出事理。若謂超乎氣質以上，有一個性，在未有氣質以前，有一個理。依顏派看起來，簡直是和老佛所主張的一樣。所以他說：

魏晉以來，佛老肆行，乃於形體之外，別狀一空虛幻覺之性靈。禮樂以外，別狀一閉目靜坐之存養。佛者曰：『入定』儒者曰：『吾道亦有入定也；』老者曰：『內丹』儒者曰：『吾道亦有內丹也。』借四子五經之文行楞嚴參同之事，以躬習其事爲粗跡，則自以氣骨血肉爲分外。於是始以性命爲精，形體爲累，及敢以有惡加之氣質相衍而莫知其非矣。

『以氣骨血肉爲分外，』確是切中宋儒論性之病。本來性是附於生理表於心理的一種先天活動力絕不含有神祕的意味在內。經顏派明白確切的一番論斷，可憐宋儒玄學的性論，遭這一個大大打擊，所有基礎，竟已完全破壞了。

顏氏論性，還有第二個重要觀念，就是把『情』『才』和『氣質』聯成一片，認此三者爲性之所由表見。在他以爲如此推論，正是用以發揮孟子的性善的學說。他說：

惻隱羞惡辭讓是非，性也；發者情也；能發者才也。則非才情無以見性，非氣質無以爲情才，卽無所謂性。是情非他，卽性之見也；才非他，卽性之能也；氣質非他，卽性情才之氣質也。一理出而異其名也。

如他所說，氣質性情才四樣，可以算做一理而異名。情是性之見，就是感覺感情；才是性之能，就是先天的本能。感覺感情，可以叫做性，本能也可以叫做性。性自是情才之總名，氣質如感覺運動的各器官，是用以感的用以動的東西；雖是屬於生理方面，但是情才皆由此而發；所以說『非氣質無以爲才情』也就是無目不可以視，無手不可以握的意思。看他兩隻眼，兩隻手，到了視物的時候，握物的時候，自然就成性才情的氣質了。性和氣質，當然不能分出誰善誰惡。顏氏曾以目爲譬，說：眶皰睛，是氣質；其中光明能見物是性。如說性是理，豈不是光明之理專視正色，眶皰睛乃視邪色麼？天下自然沒有這種道理。蓋心身本是互相關聯，不可離異的東西，光明能視物，固是目的性；然如沒有眶皰睛的物質（屬於生理的）又能夠去視物麼？這是專據生理以論心理的說法。總算能切於實際情形，又復合於機能的心理學原理了。

顏氏既以光大孟子學說自任，於是復本性善說推論情才氣質所以或善或不善之故。他是提出『引蔽習染』四字，就是說先天所發的皆是善，發了以後，受了外界環境影響，善惡才不能一定。他在存性篇上說：

見當愛之物，而情之惻隱能直及之，是性之仁；其能惻隱以及物者，才也。見當斷之物，而羞惡能直及之，是性之義；其能羞惡以及物者，才也。見當辨之物，而是非能直及之，是性之智；其能是非以及物者，才也。……及世味紛乘，貞邪不一，財色誘於外，則蔽其當愛，而不見愛其所不當愛，而貪營之剛惡成焉。私小據於己，則蔽其當愛而不見愛其所不當愛，而鄙吝之柔惡出焉。以羞惡被引而爲侮奪殘忍，辭讓被引而爲僞飾諂媚，是非被引而爲奸雄小巧，種種之惡，所從起也。……引逾頻而蔽愈遠，習漸久而染漸深，以致染成貪營鄙吝之性之情，而本來之仁，不可見矣；染成侮辱殘忍之性之情，而本來之義，不可見矣；染成僞飾諂媚之性之情，而本來之禮智，俱不可見矣。禍始引蔽，成於染習，以耳目口鼻四肢百骸可爲聖人之身，竟呼之曰禽獸；猶幣帛素色，而既汚之後，遂呼之曰：赤幣黑帛也；而豈其材之本然哉？

顏氏之意，以爲性無不善，其所以不善，則由於習；習之善惡，是同出一源，而其源則並無一不善。總算能把孟子性善之說，推闡得很精詳了。

但是案之實際情形，如惻隱，是愛情的發端，羞惡的『惡』是厭惡的情感，可說是屬於性的範圍。（羞惡之情是心力發展積有經驗的結果可說是習不是性）若辭讓，若是非，則是純粹屬於『理性』絕不能和不待教不待學的先天本性相提並論。——尤其是非之心，是屬於理性中最高的一級。孟子論性，本來是把性的範圍特別擴大，將後天已發達的理性一部份加入。顏氏又從其說而推闡之，以證明其說之確切不易，恐未必是真能圓滿罷！

（三）

繼此可以一述戴震的論性學說了。戴氏學說，深受顏氏影響，所以說法與顏氏多相合。他反對宋儒『理欲二元論』較顏氏尤爲激烈。可是他組織心理學說則是繼承朱子，『青出於藍』比朱子心理學固然是精密得多；卽比之顏氏，亦詳密得多。今述戴氏性論學說，可先把他的心理學，略略敍述一下。

戴氏論心，先立『氣血』『心知』爲兩大骨幹，氣血是指器官的感覺，是偏於生理方面的；心知是指已有覺感後的知識經驗，是屬於精神方面的。所以他把孟子所說的『耳於聲，目於色，鼻於臭，口於味，』認爲是由物接於人的血氣；把孟子所說的『心於理義，』認爲是由事接於人的心知。由物接於人的血氣，是感覺；由事接於人的心知，是知識。感覺先起，知識繼之，此爲心能發展一定的次序。他是把血氣心知聯成一貫，非分作兩橛。以爲既有血氣，卽不能沒有心知。血氣應外事而發生感覺，是自然的；心知應事而發生理解，是必然的。由自然可以進於必然。我們且看他對於心能分類是怎樣，他的分類法有兩種：

(1)是就等級分的。　他引子產曾子兩人的說法，分爲『魄及魂』『靈及神』爲兩級，魄與靈，是指耳目之官；魂與神，是指心之官。所以說：

耳之能聽，目之能視，鼻之能嗅，口之知味，魄爲之也；所謂靈也；陰、主受者也。心之精爽，有思則通，魂爲之也；所謂神也；陽、主施者也。主施者斷，主受者聽。故孟子曰：『耳目之官不思，心之官則思，』是思者，心之能也。

他以耳目鼻口，是主受的器官，心是主思考的器官。耳目鼻口，是低級的，不是高級的。心是居指揮者地位，耳目鼻口，是居服從者地位。所以說：

耳目鼻口之官，臣道也；心之官，君道也。臣效其能，而君正其可否。

但是心能使耳目鼻口，卻不能代替耳目鼻口；因爲耳目鼻口之能，皆由自具以各成其能，分司職掌；嗜欲是由此官能而起，出於血氣。所以孔子有血氣未定，血氣方剛，血氣既衰，應時戒色戒鬬戒得之言。以見嗜欲根於血氣，不根於心，可是心對於感官所發的嗜欲能有選擇區別的效能。此卽孟子所謂心之於理義的說法。戴氏因而引申以明之，說：

擧理以見心能區分，擧義以見心能裁斷。分之各有其不易之則，名曰理，如斯而宜，名曰義。明理者，明其區分也；精義者，精其裁斷也。

理義出於心，純粹是思考推理判斷諸作用；就是本嗜欲之自然，判別其當否以近於必然。如戴氏所說，血氣心知，程度雖不同但是一出於氣質。古人論性，只就氣質以言，斷沒有離氣質以言；因爲離氣質卽無所謂心知。這是對於宋儒分理義之性與氣質之性，表示反對的。他說凡血氣之屬，皆有精爽，人類如此，禽獸亦然。如耳目鼻口之嗜好，皆爲精爽所表見；但是人之所以異禽獸的地方，則是人的精爽，可以進於神明，可爲無量的擴充。理義之心，可說就是由精爽擴充進步的。所以他又說：

理義豈別如一物求之於所照所察之外，而人之精爽能進於神明，豈求諸氣禀之外哉？

〔附註一〕本節所引戴氏之言，均見於孟子字義疏證。

〔附註二〕子產言：『人生始化曰魄，既生魄，陽曰魂』曾子言：『陽之精氣曰神，陰之精氣曰靈，神靈者，品物之本也。』（均見疏證所引）

（2）是就作用分類的。戴氏以人心的作用有三種：（一）是『欲』（二）是『情，』（三）是『知』。和近代心理學分別『知』『情』『意』三項相同。『欲』是行的根本，可以當之於『意』。他說：

人生而後有欲，有情，有知，三者血氣心知之自然也。給於欲者，聲色臭味也，而因有愛憎；發乎情者，喜怒哀樂也，而因有舒慘；辨於知者，美醜是非也，而因有好惡。聲色臭味之欲，資以養其生；喜怒哀樂之情，感而接於物；美醜是非之知，極而通於天地鬼神。

他以爲這三樣——欲，情，知是人生以後一定有的，既有生，就不能沒有欲；欲是賴以養其生的人與人接，就不能沒有情。有欲有情而又有知，然後欲纔可以遂，情纔可以達。戴氏對於這三樣心能是平等看待且認他為互相關聯。所以說：

> 天下之事，使欲之得遂，情之得達而已矣。

他是主張同欲同情，須人人遂其欲，達其情；其所以使人人能遂欲能達情，則在知力。因為這一點知力的本能，可以為無限的擴充。因而說：

> 惟人之知，小之能盡美醜之極致，大之能盡是非之極致。然後遂己之欲者，廣之能遂人之欲；達己之情者，廣之能達人之情。道德之盛，使人之欲無不遂，人之情無不達，斯已矣。

這是他於尊重情欲之外，又復非常重視禮智。蓋主張以理智指揮情欲，期於至公至正而後已。是即前文所敍由精爽進於神明，由自然進於必然的說法。何以能進呢？則在於反省——個人的修養；在於問學——歷史及社會的經驗。戴氏殆兼取道問學尊德性的兩長而不流於一偏。（關於反省問學兩端下文再詳述）

戴氏除分類心象各一一言其性質功用外，復取人與物的心理作比較觀察。此在朱子已發其端，到了戴氏益覺其密。我們且看他如何說法。他說：

凡有生，卽不隔於天地之氣化。陰陽五行之運而不已，天地之氣化也，人物之生生本乎是。……氣之自然潛運，飛植動潛皆同，此生生之機，肖乎天地者也。……氣運而形不動者，卉木是也。凡有血氣者，皆形能動者也。……知覺云者，如寐而寤，曰『覺』；心之所通，曰『知』。百體皆能覺，而心之知覺爲大。

卉木是僅有氣運而不能移動其形，禽獸與人，皆有知覺運動；但知覺之程度有差。所以說：

知覺運動者，統乎生之全言之也；由其成性各殊，是以本之以生見乎知覺運動也亦殊。

蓋戴氏本孟子人性不同於犬牛之性之說，而以知覺運動之蠢然的，認爲人與物同，以仁義禮智之粹然的，認爲人與物異。人之理知，就本性上比較起來，自然是優於其他動物。戴氏因又就知覺上比較人物的差異，說：

聞蟲鳥以爲候，聞雞鳴以爲辰，彼之感而覺，覺而聲應之，又覺之殊致有然也。無非性使然也。若夫烏之反哺，雎鳩之有別，蜂蟻之知君臣，豺之祭獸，獺之祭魚，合於人之所謂仁義者矣而各由性成。人則擴充其知，至於神明，仁義禮智，無不全也。

繼此可專述他的論性學說了。現在且看他對於性的解釋是怎樣？戴氏說：

性者分於陰陽五行，以爲血氣心知品物以別焉。舉凡既生以後，所有之事，所具之能，所全之德，咸以是爲其本。

這就是戴氏對於性所下的定義。就此定義，又復可析爲三項：

(1)性的本體——是血氣心知。

(2)性的表現——是品物的區別。

(3)性的功用——是後天事能德之本。

在宋儒分性爲兩橛：一爲本然之性，(天地之性，或義理)一爲氣質之性，戴氏極反對之，其持論和顏元相類，而態度尤爲堅決。他說：

人之爲人，舍氣稟氣質，將以何者謂之人耶？

又說：

古人言性，但以氣稟言，未嘗明言理義爲性，蓋不待言而可知也。

性本屬於氣質，固然是屬於血氣，而理義之屬於心知，也是本來包括在氣質之內。戴氏證明孟子言性，並未歧而爲二，所以說：『如使口之於味也，其性與人殊，若犬馬之與我不同類也，則天下何者？（耆與嗜通）皆從易牙之於味也，』又說：『動心忍性，』可見孟子所言，無非血氣心知之性。戴氏並明言：『凡血氣之屬，皆是懷生畏死，因而趨利避害，』以爲此乃生物根本天性之所在。當然是純出於血氣。然而德性之發展，亦卽根據於此。如孟子所言，今人乍見孺子將入於井，皆有怵惕惻隱之心，斯卽由於懷生畏死之一念；倘無懷生畏死之心，焉能有怵惕惻隱之心？推之羞惡辭讓是非亦然。因而下一論斷說：

此可以明義理智非他，不過懷生畏死飲食男女，與夫感於物者之皆不可脫然無之，以歸於靜，歸於一，而恃人之心知，異於禽獸，能不惑乎所行，卽爲懿德耳。古聖賢所謂仁義禮智，不求於所謂『欲』之外，不離乎血氣心知。

其言固未免稍偏，但是以爲血氣心知，本屬一貫，絕不能如宋儒歧而爲二，其理由已極充足。至於宋儒於氣質之外，別立一性，甚且以性之本體，在於未生之前。證以戴氏之言，也可以知其不當了。

戴氏又以爲天下萬物，形體不同，各如其性；人與物不同，故人物之性異，所以孟子有『色形，天性也』之言。他以爲人物以類滋生，皆是氣化之自然，由氣化的結果雜糅萬類及其流形，不特品物不同，雖在一類之中又復有異。所以說：

如飛潛動植，舉凡品物之性，皆就其氣類別之，人物分於陰陽五行以成形，含氣質更無性之名。

他以醫家用藥爲喻，以爲辨藥性，就是辨氣類，如說此氣類之殊，不是性，當然沒有人能信這句話。人物的品類各殊，就是他性的表現，如宋儒指定已成形質的東西不是性，當然是不對了。

既已有生，則一切行事，皆屬於人倫日用之常，如耳目鼻口之於聲色臭味，自有一定的嗜欲，喜怒好惡，自有必發的情感；由此嗜欲情感之自然，而以心之理義判斷之，以求其無失，則德性以全，所謂『所有之事』，就是接於人類感官的事物；所謂『所具之能』，就是發於身心自然之本能；所謂『所全之德』，就是由心知擴充發展的理性。所以『事』『能』『德』三項，一切皆以性爲之本。這是純粹就性的功用一方面說的。

以上三項，是戴氏對於性所下的定義，由這個定義看起來，性的體用，也就可以明白了。於此復繼續敍述他論性兩個重要主義，那兩個主義呢？

第一，是『情欲主義』　理欲兩元論本是宋儒論性學說的結晶，支配人心已歷六七百年之久，從無人敢加以非難，顏李已經大施攻擊了，而戴氏攻擊，尤為猛烈，幾如以巨礮攻堅城，必摧拔而後已。他是乾乾脆脆的提出一個『情欲主義』他所以提出這個主義的原故，實在是因為有兩點，可以做他極有力的根據。

（1）人是不能不『生』，既生，就不能無情無欲，所以他說：

人之生也，莫病於無以遂其生，欲遂其生，亦遂人之生，仁也。欲遂其生，至於戕人之生而不顧，不仁也。不仁，實始於欲遂其生之心，使其無此欲，必無不仁矣；然其無此欲，則於天下之人生道窮促，亦將漠然視之已。不必遂其生，而遂人之生，無是情也。

又說：

凡出於欲，無非以生以養之事。

（2）人是不能無『爲』，旣爲就不能無情無欲，所以他說：

天下必無舍生養之道而得存者，凡『事爲』皆有於『欲』，無欲則無爲矣。

『有爲』就是爲着生存；試問有一個人生在人間，自己不要生存的麼？戴氏已把生物根本的大欲說明了，『凡有血氣之屬無不懷生畏死，趨利避害』，旣已懷生畏死，趨利避害就不能一無所爲，像那石頭木頭一樣。那末對於飢寒愁怒，飲食男女，常情隱曲之感，我們能看得一文不値，不許他存在麽？

戴氏以此兩點做他主張『情欲主義』的根據，眞可說得是顚撲不破，無論何人，不能把他駁倒。

在宋儒有所謂『不出於理，則出於欲；不出於欲，則出於理』的說法。視理和欲是兩種不能並存的東西，幾如諸葛亮出師表所說：『漢賊不兩立』一樣。而戴氏則謂理卽存於欲中，無欲也就無由見理。宋儒對於理的所下的定義是：

如有物焉，得於天而具於心。

戴氏則以爲理不是這樣講法的，他於是也下一個定義，說：

理者察之而幾微必區以別之名也；是故謂之『分理』。在物之質，曰『肌理，』曰『腠理，』曰『文理，』得其分則有條而不紊，謂之『條理。』

但是這理從何表現呢？於是戴氏又說：

理也者，情之不爽失者也。未有理得而情不得者也。

在己與人，皆謂之情，無過情無不及情之謂理。

心之所同然者，始謂之理。

如此說來，宋儒是以理在人心，而戴氏則以爲理在事情；因情可以見理，理必爲人心所同然。戴氏曾加以疏解說：

凡有所施於人，反躬而靜思之，人以此施於我，能受之乎？凡有所責於人，反躬而靜思之，人以此責於我，能盡之乎？以我絜之人，則理明。天理云者，言乎自然之分理也。自然之分理，以我之情，絜人之情，而無不得其平者是也。

情既平，則理自得，是理純由以情絜情而始發見。是卽孔子所謂『己所不欲，勿施於人。』亦卽大學所謂『所惡毋使毋事』的恕道。戴氏特徵引之，以作佐證。恕道本來就是平情，爲人心所同具人己之情得其平，自爲人心所同然。所以戴氏說：

曰：『所不欲，』曰：『所惡，』不過人之常情，不言理而理盡於此。

戴氏又說：

惟以情絜情，故於其事也，非心出一意見以處之，苟舍情求理，其所謂理，無非『意見』也。

在戴氏之意，以爲：如宋儒所謂理，並不是理，簡直就是『意見』。是任其意見執之爲理義。因而說：

凡事至而心應之，其斷於心，輒曰理如是，古聖賢未嘗以爲理也。不惟古聖賢未嘗以爲理，昔之人異於今之人之一啓口而曰理，其亦不以爲理也。昔之人知在己之『意見』不可以理名，而今輕言之，夫以理爲『如有物焉得於天而具於心』，未有不以『意見』當之者也。

蓋宋儒所謂理，是主觀的理；而戴氏所謂理，則客觀的理。主觀之理，具於一心；客觀的理，則本於事情。戴氏並且推論宋儒以意見當理之害，發爲極沉痛之言，說：

六經孔子之言，以及羣籍，理字不多見。今雖至愚之人，悖戾恣睢，其處斷一事，責詰一人，莫不輒曰理者，自宋以來，始相習成俗，則以爲理『如有物焉，得於天而具於心』，因以心之意見當之也。於是負其氣，挾其勢位，加以口給者理伸；力弱勢慴，口不敢道辭者理屈。嗚呼！孰謂以此制事以此治人之非理哉？卽其人廉潔自持，心無私慝，而至於處斷一事，責詰一人，憑在己之意見，是其所是而非其所非，方自信嚴氣正性，嫉惡如仇，而不知事情之難得，是非之易失於偏，往往人受其禍，己且終身不寤，或事後乃明，悔已無及。嗚呼！其孰謂以此制事治人之非理哉？

不能平情以求理，就是只憑意見以言理；只憑意見，是爲不近人情，是爲蔑視人情。

宋儒重理不平情，其害既如戴氏所說。我們再看戴氏對於宋儒理欲之分，如何加以攻擊。宋儒是認定理欲不能並存，以爲君子小人之分就在這一點；而戴氏則謂情之不爽失就是理，天下斷沒有失情的理，理卽存於欲中，天下也斷沒有不可求理的欲；所以對於『情』看得很重，對於『欲』尤看得很重。他說：

詩曰：『民之質矣，日用飲食；』記曰：『飲食男女，人之大欲存焉；』聖人治天下，體民之情，遂民之欲而王道備。

他曾引孟子告齊梁之君所言曰：『與民同樂』，曰：『必使仰足以事父母，俯足以畜妻子』；曰：『居者有積倉，行者有裹糧』；曰：『內無怨女，外無曠夫』，以見仁政之施，沒有不本之於體民情遂民欲的。如是不以體民情遂民欲爲本，一味責人以理，則必至爲禍於斯民。於是更發出一段議論，比較以此所說的尤爲激切。他說：

理欲之分，人人能言之，故今之治人者，視古聖賢體民之情，遂民之欲，多出於鄙細隱曲，不措諸意，不足爲怪。而及責人以理也，不難舉曠世之高節，著於義而罪之。尊者以理責卑，長者以理責幼，貴者以理責賤，雖失謂之順。卑者弱者賤者，以理爭之，雖得謂之逆。於是下之人，不能以天下之同情，天下所同欲，達之於上。上以理責其下，而在下之罪，人人不可指數。人死於法，就有憐之者，死於理，其誰憐之？

於是戴氏復指出宋儒理欲之辨，是以意見當理，不顧人之情欲，推論其結果，有三種弊害：

(1)是使君子無完行。　因爲人人皆可憑着一己意見以刻議君子而加之以罪，以爲心無欲乃可稱君子，君子以無欲自勉而小人仍復照常橫行於社會。

(2)是以意見構成忍而殘殺之具。　蓋在執意見以當理之君子，自信不出於欲，心無愧怍，因此也就不寤意見之偏，而持之必堅，凡是意見所非之人，則謂自絕於理。這樣一來，就是把理欲之辨，構成忍而殘殺之具了。

(3)是長社會欺僞之風習。　戴氏以爲古人言理，是求之於人之情欲，而宋儒言理，則離開情欲，忍而不顧。既不顧情欲而專言理欲之辨，其結果只有窮天下之人，盡轉移爲欺僞之人而後已。

戴氏一方面指出宋儒理欲之辨的弊害，謂其結果足以禍天下禍斯民；一方面則又以爲情欲出於人之本性，指出『平情』和『節性』兩點，用以建築他哲學上情欲主義的基礎。因爲重視情欲，並非任情，並非逞欲，就對人說，應該積極的求同情求同欲，就對己說，應該消極的求平情求節欲。他以爲情欲這樣東西，只能叫他出於正，不出於邪，萬不能叫他沒有，欲不好的地方，是失之於私，私自不免於貪邪，情不好的地方，是失之於偏，偏自不免於乖戾。我們只要去私去偏就得了，何必一定要去情去欲呢？若是因爲私偏之故，並情欲而亦欲絕之，這豈不是太不對嗎？戴氏並且指出『私』和『蔽』兩樣，要分開來講，因而說：

欲之失爲私不爲蔽。

又說：

私生於欲之失，蔽生於知之失。欲生於血氣，知生於心，因私而咎欲，因欲而咎血氣，因蔽而咎知因知而咎心，老氏所以言『常使民無知無欲』彼自外其形骸，貴其眞宰，後之釋氏。其論說似異而實同。宋儒出入於老釋，故雜乎老釋之言以爲言。

私是欲之失，絕不能因爲私就說欲不好，因爲欲就說血氣不好；蔽是知之失，也不能因爲蔽就說心知不好。如宋儒這樣主張去人欲的說法，在戴氏以爲簡直就是出於老釋。因而

又說：

人之患，有私有蔽，私出於情欲，蔽出於心知。無私，仁也，不蔽，智也，非絕情欲以爲仁，去心知以爲智也。是故聖賢之道，無私而非無欲，老莊釋氏，無欲而非無私。彼以無欲成其自私者也，此以無私通天下之情，遂天下之欲者也。

一則無私並非無欲，一則無欲並非無私，這是絕大的區別。有欲，我們去節他，自不至於窮欲縱欲，自可以不爽於理。所以說：

欲不可窮，非不可有，有而節之，使無過情，無不及情，可謂之非天理乎？

性，譬則水也，欲，譬則水之流也。節而不過，則爲依乎天理，爲相生相養之道，譬則水由地中行也。

戴氏復以水爲喻，說：治水只有疏其流，萬不能絕其流，如宋儒主張存理遏欲，而理又是不可捉摸一樣東西，令人無從尋覓，因而空指一絕情欲之說，認爲是天理的本然，存之於心，其外關於人事的飢寒號呼，男女哀怨，以至垂死冀生，一切指爲人欲。所以戴氏大聲疾呼說：『這樣執其意見，自信是天理，非人欲，實則爲禍不可勝言。小之一人受其禍，大則天下國家受其禍。』蓋戴氏根本的主張，極端重視情欲，以爲理卽在情欲之中，情要求其平，欲要得其正，不可私，不可偏，既要不私不偏，就要去蔽，去蔽是心知一方面事，所以不能不重理智。依他的說法，情欲是出於氣稟的，人既有生卽有血氣，有血氣自然就會有情欲，人既有血氣，亦必有心知，有心知也自然就會有理義，有理義就可絜人我之情，辨邪正之欲，使之不爽於理；這本來是一貫的一事，無從去血氣以絕情欲，只有就心知以求理義。所以戴氏於情欲主義以外，又指出一個『理智主義』出來。

〔附註〕戴氏『情欲主義』一名詞，是梁任公先生替他起的，我也就不客氣，把他襲用了。至於『理智主義』則我僭替他起的。

第二，是『理智主義』　理智主義的最大根據，他也有兩點：

(1)認定人性不同獸性。以爲人性中的精爽，可以進於神明，而獸性則否。因爲人心之於理義，同於血氣之於嗜欲，是可以擴充的。所以他說：

人之所以異於物者，人能明於必然，百物之生，各遂其自然也。

(2)認定天地人物事爲，皆有可言之理。如詩所謂『有物有則』，『物』是事物，『則』是條理，事物委曲條分，皆可尋出一個理來。

戴氏根據這兩點，所以就說明人性中有理智可以開發，開發起來則可成爲懿德；且認定懿德之成，不必他求，就在人倫常日用之中，皆可以成仁成義成禮。因爲仁是生生之德，只由懷生畏死的一念，擴充而成之，我欲遂其生，也要叫人同遂其生，這就是仁。義與理本屬條理秩序，各事能適如其分，無過情無不及情，則條理秩序自然備矣。而所以成仁成義成禮，則全恃人的心知，能不惑乎所行。能不惑乎所行，自能如火光照物，毫無所蔽，無蔽則情正而不偏，欲公而不私。這就是由『自然的情欲』進而至於『必然的理義』了。戴氏以爲人之於理義，不明不精，往往界於疑似而生惑，雜於偏私而害道，皆是因爲智不足的原故。何以能使智足呢？他乃議出兩種方法：

(1)是『省察』

(2)是『問學』

『省察』是尊德性的工夫，『問學』是道問學的工夫。戴氏對於二者並重，不稍偏倚。我們先看他論省察工夫是這樣，他說：

好惡既形，遂己之好惡，忘人之好惡，往往賊人以逞欲，反躬者以人之逞其欲，思身受者之情也，情得其平，是爲好惡之節，是爲依乎天理。

又說：

心知之自然，未有不說理義者，未能盡得理合義耳。由血氣之自然而審察之，以知其必然，是之謂『理義』。

他所說的『反躬』所說的『審察』皆是心理上最高級的推理作用，這就是省察工夫。他以為推理的本能本為人情所固有，到表現出來，又無非是人倫日用飲食之常；只要就此一一求之，而理智自出。

再看他論問學省察工夫，固極重要；但必賴乎學養，而後德性始能完全。因為學是牖昧啓明最好的工具，所以他雖不滿於荀子性惡說，卻是於其勸學之旨，則十分推許。我們看他論忠信一段說：

忠信由於質美，聖賢論行，固以忠信為重，然如其質而見之行事，苟學不足，則失在知，而行因之謬。雖其心無弗忠弗信，而害道多矣。行之差謬，不能知之，徒自期於心無愧者，其人忠信而不好學，往往出於此。

忠信雖為美質，然必賴學以成之，因為不學則不能知，他以『知』和『行』相比較，認為『知』應重於『行』，『知』先於『行』。所以說：

聖人之言，無非使人求其至當，以見其『行』，求其至當，卽先務於『知』也。凡去私不求去蔽，重『行』不先重『知』，非聖賢也。

戴氏爲學足以益知，於人之心知之理性，實有擴充的效用，擴充之極致，卽可以至於聖人。他曾把人的形體，和人的德性，比較起來說：

形體始於幼小，終乎長大德性始乎素昧，終乎聖智其形體之長大也資乎飲食之養，乃長日外益非復其初。德性資於學問，進而聖智，非復其初明矣。

這是說德性的發展，和形體的發展一樣，因而對於宋儒『復初』之說，大加反對。蓋宋儒分別理義之性和氣質之性爲二，以爲理義之性，是得於天具於心的本性，因爲受氣質之性所發出的人欲，把他蔽住，所以不明，只要去人欲則本性之初，卽可以完全恢復。戴氏則以爲這是大大不對的，理義是性，人欲也是性，同是一性，何能加以分別？由人欲之性，進而到理義之性，本是互相關聯的，彼此一貫的；理義卽表見於人欲之中，不是求理義於人欲之外，是由自然發展至於必然的，是擴充成長的，不是彼此隔離的。問學工夫就是爲着擴充之用；並不是爲恢復之用。所以說人的智仁勇三德，皆可自少而加多，人性異於獸性，就是在此一點。人可爲聖賢，也是在此一點。

戴氏因論性又兼及於『才』和『權』。才是指體質而言。戴氏說：

氣化生人生物，據其限於所分而言謂之『命』；據其爲人物之本始而言，謂之性；據其體質而言謂之『才』。由成性各殊，故才質亦殊。才質者，性之所呈也。舍才質安覩所謂性哉？

才是性所表現，才不同，所以性也不同。牛只能耕田，馬只能馳遠，這是牛馬的才質不同，也就是牛馬之性不同。就一個人說，或聰明，或魯鈍，天性也是不能一樣；不過以人與物較，不僅有血氣，還又有心知，心知是理義之所從出，就是德性所由著，總是遠勝於物。看人的形色，不同於物的形色，便知道人性不同於物性。人能踐形，就是盡性，也就是盡才。才和性是一樣的東西，才和情也是一樣東西，所以言才言情，皆和言性一致。戴氏是本諸孟子的主張，認爲才皆善的，對宋儒『性無不善，才有不善』之說，極端反對，因以爲『才』與『情』本來是不能分開的。至於情有偏私，則絕不能認爲是才之罪。所以說：

此偏私之惡，不可以罪才，尤不以言性。孟子道性善，成是性，斯爲才，性善則才亦美，然非無偏私之爲善爲美也。人之初生，不食則死，人之幼稚，不學則愚；食以養其生，充之使長；學以養其良，充之至於賢人聖人。其故一也。

他又以良玉爲譬說：比爲良玉，成器而寶之，自然大發其光，可寶的價値，加乎其前。若是剝他蝕他，委棄不惜，久之自然就傷壞無色，可寶的價値也就減乎其前了。

戴氏論『權』則更純粹就理智作用大加發揮。他說：

權，所以別輕重也。凡此重彼輕，千古不易者，常也；常則顯然可見。其千古不易之重輕，而重者於是乎輕，輕者於是乎重，變也；變則非智之盡能辨察事情而準，不足以當之。

『辨察事情而準』確是不很容易的事。戴氏以爲：人於權物權事，要想不失其輕重，應該就事情以求客觀的條理，不能絕情欲以爲仁，不能去心知以爲智。我們看古聖人的爲治，就是就人倫日用以通天下之情，遂天下之欲，卽能權之而分理不爽。如若只想主觀之理，是爲『執理無權』，勢必至於『是其所是非其所非』，何以能權之不失重輕呢？戴氏卻有一句扼要的說法：

聞見不可不廣，而務在能明於心。

戴氏蓋以『權』爲最高的智能，從血氣心知自然之性，用博學反約的工夫以至於權度事情，無幾微差失，則德性之性，就可以算極致了。

戴氏還有關於論『命』的說法，也頗有特識。他以爲『性』『才』『命』三樣，是一致的，命是據其限於所分以言，就是說人的生性不能一致，限於先天，這就是命。如人有血氣，就有養血氣的聲色臭味，有心知，就有倫常關係的發生。『欲』根於血氣，是命，理義在人心，各人不能一致，也是命。但是雖不一致，仍然可以擴充，所以他解釋孟子『口之於味也，性也有命焉，君子不謂命也。仁之於父子也，命也有性也，君子不謂命也』一節，說：

君子不藉口於性以逞欲，不藉口於命之限而不盡其材。

他把『謂』字作『藉口』講，『不謂』就是『不藉口』。這是說先天限制我們，固然是有的；然而我們不能因爲他有限制，就以命定爲藉口，不去自盡其才。可是，我們也不能因盡材的原故，對於耳目鼻口自然情欲，不知節制，一味求分外的享用。比如天資魯鈍的人，還應該極力去求知，因爲人有能知的本性，總可以達到『雖愚必明』的目的。

綜觀戴氏論性的學說，精到之處，實在是很多，愧我不能條分縷晰，把他敍述的十分清楚。現在可再將戴氏論性的各優點，總結起來，條述如下：

（1）戴氏反對宋儒的『性二元論』『理欲二元論』，對於學術思想上，確有相當的功績。

(2)戴氏以闡明孟子性善說為職志，以荀子論性，未能知性之全體。但其結論，本情欲以為治，注重學以發展心知，轉與荀子所主張相近。

〔附註〕章太炎先生也是如此說，檢論通程篇註，謂：『戴氏之書，名為疏證孟子，其論理欲，實本荀卿。』

(3)戴氏能以理為客觀的條理，仁為生生之大本，義禮為秩序，是具有條理之意。這是將具體的道德進而為抽象的道德，是由道德的條目進而為道德的原理。實能補孟子所言之缺。

(4)戴氏言心性，注重生理，以為性是根於血氣，且知注重心體的機能；又以人類理性，是超越於一切物性，其論多較前儒為精。

(四)

清末漢學家論性的，復有俞樾章太炎兩人。茲復略加論述。

俞氏論性是以申荀黜孟為主旨。他在他所做的賓朋集內有性說兩篇，可以述其大概。

第一，兪氏證明孟子性善之說不確，其要點有二：

(1)謂孟子所言『孩提之童，無不知愛其親，及其稍長，無不知敬其兄』數語，絕不合於事實。他說：

孩提之童，豈眞知愛其親歟？其母乳之，其父煦咻之，故赤子之愛者，私其所昵也。順是至於長大，於是有同異之見，於是有憎愛之私，而獄訟由此興，兵戎由此起，實足以明性之不善而已矣，安見其爲善哉？今使鄰之人與之糗餌，其兒斂（斂與奪通）而返之，則且瞋目而視其兄，然則孟子之說非也。

這是的確不錯的，如加以實驗，嬰兒初生以後，即使他和生母隔絕，另由一人乳之，經過四五歲，再使和他的生母相見，此時試問還是愛他的生母呢？還是愛他的乳母呢？兪氏所謂『私其所昵』，自是極有見地的話。況且小孩子對於物件，好把他毀壞，對於小的生物，好把他殘喪，這也我們所常見的，又何能盡說他是善呢？

(2)謂孟子『人無有不善，水無有不下』的比喻，不可相信。他說：

使天下聖人賢人多，不善的人少，孟子之言，容或可信；但是就實際上看，總是不善的多，善的少。如以水爲比，那末，將水搏而過顙，則俄頃仍復其故狀；水在山的時候，也是不崇朝而復其舊觀。蓋因其水有就下的本性，不如是而彊之如是，當然不能持久。如是人爲不善，往往若將終身，豈能和水一樣？（譯原文大義）

第二，俞氏因復就善人少不善人多的理論，推演起來，以爲人有善惡，猶之乎人有壽夭，七十歲的人，已經少了，九十歲百歲的則更少；所以一邑之中，有了百歲人，就以爲稀奇，猶之聖人賢人，必數百年數十年而始一見。若照孟子所說『堯舜與人同』似未免看得太容易了。若是說人皆可以堯舜，這本來是可以的；比如大壽雖不能必得，但在善養生的人，愼寒暑，節飮食，捐嗜欲，亦未嘗不可以卻病延年。堯舜可以學而至，不但孟子如此說，就是荀子也有『涂之人可以爲禹』的話。不過荀子是取必於學，而孟子則取必於性，這是不同的。並且推論孟子所主張的利弊說：

從孟子之說，將使天下恃性而廢學，而釋氏之教，得以行其閒矣。

第三，俞氏既述申荀黜孟之本旨，因而復就荀子性惡之說，辨明人性與獸性所以不同，是在『才』不在『性』。他以爲人性雖惡，可施以聖賢之治，禮義之化，這是因爲人有人之才，而禽獸則無人之才。所以說：『此非性之異也，才之異也。』人的才，高出於禽獸之才，其所得的結果是怎樣呢？於是兪氏復加以推論說：

禽獸無人之才，故不能爲善而亦不能爲大惡。人則不然，其耳之聰，目之明，手足之便利，心思之巧變，可以無所不爲；故能役萬物而爲之君，配天地而參焉。若是者，皆其才爲之也。故方其未有聖人也，天下之人，率其情之不善，而又佐之以才；蓋其爲惡有什伯於禽獸者矣。聖人曰：『是能爲惡，亦能爲善，非如禽獸之冥頑不靈，無所施吾教也；』於是以其能，教人之不能；以其所知，教人之不知；而人之才果足以及之。故孟子曰：『人皆可以爲堯舜；』荀子曰：『涂之人可以爲禹；』夫其所可者才也，非性也。

兪氏硬把性和才分而爲二，其實不如就說人性有異於物性，如戴震所謂『精爽可以進於神明，』又何必一定要說我所主張是屈性申才呢？本來人類具有言語思想的本能，可以把心知的智能，爲無窮的發展。這就是人優於禽獸之點。若必分性才爲二，似乎不甚十分圓滿。至於兪氏說人類『耳之聰，目之明，皆勝於禽獸，這也不盡然；而推崇聖人，說得如神仙一般，也稍嫌過當。平心而論，俞氏所言，尚能根據常識，不墮理障；實則膚淺之處，亦復不免。

（五）

繼此可一述章太炎先生的性論了。章先生論性見於國故論衡辨性上下兩篇。他是純取佛學的心理學來比論，在論性各派中，可說是獨樹一幟。茲試條列其大意如次。

第一，辨明各派論性所以不同之故。章氏以爲中國唐以前的論性分五家——卽告子的『無善無惡說，』孟子的『性善說，』荀子的『性惡說，』揚子的『善惡混說，』漆雕開世碩公孫尼子王充的『善惡因人殊異說，』皆是『不自明其故又不明其故。』於是他乃取佛家所列心學的八識來比較論證，以明其說之各有所屬。在近代歐洲心理學是分心爲三部卽（一）知識，（二）感情，（三）意志，戴震分心爲知情欲三部，亦略與歐學說相同。（說已見前）而在印度佛家心理學則分心爲八部——卽所謂『八識，』眼耳鼻舌身爲前五識，『意』爲第六識，『末那』爲第七識，『阿羅耶』爲第八識。前五識又稱五根，意屬第六識，又稱『六根。』前五識是對於聲色香味觸而生，是以有形體之物爲對象。『意』則

以一切事物爲對象，就是以『法』爲對象，『末那』是『我執，』『阿羅耶』是『藏萬有。』章氏說

『末那』者此言『意根。』『意根』常執『阿羅耶』以爲我，二者若束蘆相依以立『我愛』『我慢』由之起。意根之動，謂之『意識，』物至而知接，謂之眼耳鼻舌身。彼六識者，或施或受復歸於『阿羅耶。』『藏萬有』者，謂之『初種，』六識之所歸者，謂之『受熏之種。』諸言性者或以『阿羅耶』當之，或以『受熏之種當之，』或以『意根』當之。

章氏以爲荀子所謂『生之所以然者爲性，』這是屬於『意根，』孟子雖未明言，但是他所說的性，也是屬於『意根，』何以故呢？意根常執『阿羅耶』以爲我，因而有我愛我慢，由我愛我慢就可見出『審善』『審惡。』二家皆以意根爲性，意根本是一樣東西，而愛慢兩樣皆備具，但因其用之異形，所以一以爲善，一以爲惡。其實兩說皆對的，不過他們各看見一面罷了。所以說他們是『悉蔽於一隅。』告子說：『生之謂性，』生之爲性，就是『阿羅耶識。』章氏說：

『阿羅耶』未始執有，未始執生，不執我則我愛我慢無由起，故曰『無善無不善』也。

章氏以爲告子所說，也是對的，阿羅耶是藏萬有，好比人心中含藏種子一樣，種子雖見不着，卻是實在有的。將人比犬馬，固然是智愚不同，也不過是所含藏種子，隱顯有異。所以他拿受水作比喻說：

彼『阿羅耶』何以異以匏瓜受水，實自匏瓜也，雖其受海漿，非非匏瓜也。

在孟子不明白他所說的性是意根，已經見出我愛我慢，和告子所說的性尚未發生我愛我慢的不同，因而挾盛氣以駁詰，告子是知其實不能舉其名，遂至無詞以爲對。揚子則是以阿羅耶識受熏之種爲性。章氏因釋之說：

夫我愛我慢者，是意根之所有，動而有所愛，有所慢，謂之意識。意識與意根，應愛慢之見熏其阿羅耶，阿羅耶卽受藏其種，更造死生，而種不焦斂，前有之種，爲後有之增性，故曰『善惡混』也。

漆雕諸人也是以受熏之種爲性。所以章氏又說：

我愛我慢，其在意根，分齊均也；而意識用之有偏勝。故受熏之種，有强弱，復得後有，卽仁者鄙者殊矣。雖然，人之生，未有一用愛者，亦未有一用慢者；慢者不過欲盡制萬物，物皆盡則慢無所施；故雖慢，猶不欲盪滅萬物也。愛者不過能近取譬，人搤我咽，猶奮以解之，故雖愛，猶不欲人之加我也。有偏勝則從偏勝以爲言。故曰：『有上中下』也。由意根而起之我愛我慢，因意識運用起來，自不免有偏勝。就偏勝看上來，自然可以分出若干等，所以有上中下之稱。

總之，章氏以爲各家論性所以不同，是因爲對於性的觀察點各異，只能說他是偏，不能說他是錯。不過他們皆不曉得他們彼此論性的意旨何在，偏要强人以就我，這真如公孫龍所說：『謂彼而彼不唯乎彼，則彼謂不行，謂此而此不唯乎此，則此謂不行』的了。（見章先生原文中所引）

第二，論人性中之『審善』『審惡』和『僞善』『僞惡』的區別及其性質和作用。什麼是『審善』呢？就是以誠愛人。什麼是『審惡』呢？就是我慢。審和僞相反，一是發自先天，一是成於後天。章氏引韓非解老以爲之解釋，斷定凡是爲之而有以爲的，就叫做『僞』；以義論，本是爲其所宜然，必選擇爲之，計度而起，不任運而起。斷定凡是爲之而無以爲的，就叫做『審』，以仁論，中心欣然愛人，非求其報，這是任運而起，不計度而起。有爲而爲善，既是僞善，則有爲而爲惡，自然也是僞惡。如爲盜賊的，因爲迫於飢寒；爲淫亂的，因爲無所施寫；爲殘殺的，因爲人墮我名譽。這皆是有所爲而成，成於後天，所以叫他的『僞惡』。又如專好求勝於人的人，對於奕棋或談話等無關輕重之事，亦必求勝而後快。這本非有所爲而爲，也可算做『審惡』。佛家是以審善惡爲用性作業，以僞善惡爲用惡作業。章氏說：

以審善惡偏施於僞善惡，以僞善惡持載審善惡，更爲增上緣，則善惡愈長，而或以相消。精之醇之，審善審惡，單徵一往而不兩者，於世且以爲無記。

這是說明審善惡和僞善惡的關係。

章氏又就人性中我愛我慢，發見出六種特點。

(1)是『審惡可以爲善，而審善亦可以爲惡』。章氏拿國家來做例子，國的成立，是起於我慢，而國實爲民族之所依託；所以立國以武健勝兵爲務。但有時轉因之以欺凌弱小，就成爲不善了。

(2)是『僞善易去，審善惡不易去』。章氏說：

人之相望，在其施僞善，羣之苟安，待其去僞惡。彼審惡者，非善所能變也；然而僞惡可以僞善去之，僞之與僞，其勢足以相滅。

(3)是『僞善可以成審善』。這是因反覆練習的結果，所以善良品行的養成，就是這個原故。

〔附註〕因後天教育經驗而成善良品行，也就是所謂養成好習慣，其無所爲而爲，純發於自然。但是和由先天所發的無所爲而爲的行爲，卻不能一樣。因爲成自後天的是『習』，發於先天的是『性』。

(4)是『惡之難治，是我慢』。章氏說：

雖爲臺隸，擎跽曲拳，以下長者，固暫詘耳。一旦衣裝壯麗，則奮矜如故。

但是慢卻可以勝慢，因爲人雖能勝萬物，但往往不能自勝其身。在一身之中，如憂苦，淫湎，懈惰，矜夸，傲睨等，發見以後，自家總不能加以抑制；不能制己，則慢猶未充，所以推其極要以我慢還治我慢。章氏引韓非解老的話說：

衆人之爲禮，以尊他人，故時勸時哀；君子爲禮，以尊其身，故神爲『上禮』。

以我慢還滅於我慢，就是『上禮』，如孔子所說的『克己復禮』，佛家所說的『忍辱』這皆是以我慢滅我慢的最要工夫。

(5)是『善不可滅的，獨有誠以愛人』——『審善』。章氏以爲誠以愛人的本性，雖是禽獸，也不能盡絕，如由此擴充，亦卽可以進於僞善。

(6)是『我慢和我愛交相倚而不可缺』。因爲有生就不能無『分方』，以此『分方』格彼『分方』，就是我慢之所由成。倘若無我慢，便是無區別了。章氏以爲：不但生物要『分方』，就是無生物也是以自己之分方距異物。不然，豈不是無生者不自立，有生者無以爲生麼？所以說：

我慢是與他人競，我愛是與他人和。

又說：

慢之性，使諸我相距。愛之性，使諸我相調。調與距雖異，其趣則然。章氏並引證同是一個人——如項羽，同是一個物——如獅子，皆可見出慢愛兩種特質同時並存於性中。

第三，說明人性我見我癡之區別及其作用。章氏說：

人心如大海，兩白虹嬰之，『我見』『我癡』是也，兩白虹嬰之，『我愛』『我慢』是也。彼四德者，悉依隱意根，由我見人有好真之性，由我愛人有好適之性；由我慢，人有好勝之性。責善惡者於『愛』『慢』，責智愚者於『見』『癡』。

我見我癡，也是存於本性之中，與愛慢同。論到先天的審善惡，就要考究到愛慢。若是論到先天的智愚，那末就要考究到見癡了。『我見』是和『我癡』俱生。什麼是我癡呢？章氏解釋道：

根本無明，則是以無明，不自識如來藏，執阿羅耶以爲我執——此謂之『見』，不識彼謂之『癡』。

但是『見』和『癡』，是同根一本，不是兩歧的，所以說：

二者一根，若修廣同體，而異相，意識用之，由『見』卽爲『智』，由『癡』卽爲『愚』。

可是，這智愚的程度，比較起來，卻也不十分相遠。只能說如苣燭熅火，不能說如晝夜。並且這兩樣關係極其密切，不能相離。所以說：

『癡』與『見』不相離，故『愚』與『智』亦不相離。上智無癡，心無我見也，非生而具之；

下愚世所無有，諸有生者，未有冥頑如瓦礫者矣。因而章氏復將生於文教之國和蠔生之島兩項人，詳分條目，比較其智愚程度，徵之於『神教』方面，『學術』方面，『法論』方面，『位號』方面，『禮俗』方面，『書契』方面以見『見』與『癡』兩者之相依，其『見』愈長，其『癡』也愈長。（原文極詳，不及備引）

綜觀章氏所論，極其精審，實非尋常學者所能及。我國數千來論性的人，也太多了，得章先生來做一個殿軍，也可算替性學史上增光不小了！

結論

現在關於性的研究，已算草草終了，茲再特設『結論』一篇，用資收束。在本篇內所要說的，卻有兩點。

（1）是性善性惡的問題

（2）是如何改良性的問題

中國數千年來，論性的人，不知凡幾，論性的文字，也不知凡幾。其討論的出發點，大致皆在研究人性善惡一方面。那末，我們敍述旣終，當然對於這一個問題，要有一個交代。我們在未說明性善性惡以前，先要問一問『善惡』是什麼東西？在從前舊式倫理學者，有兩個確切不可移易的觀念：

（1）以爲道德倫理，是亘古不變的，所謂『推諸四海而皆準，垂諸百世而不惑。』

（2）以爲善惡是兩本的，旣是善，就不是惡，旣是惡，就不是善。兩者發生，絕非一源。

但是現在我們仔細看一看，想一想，覺得這樣主張，似乎有點不對了。旣無亘古不變的道德，更無到處皆同的倫理。人類道德倫理的發生構成，皆看人羣的需要怎樣，而人羣對於某種道德，何以需要，何以不需要，則又看他的生活狀況是怎樣。生活狀況所以發生變動，則又看他所處的社會環境，是否能適於生存。如此說來，儘可是同一行爲，古以爲善的，而今轉以爲不善，甲地以爲善的，而乙地轉以爲不善，這是往往有的。如嫌我所說的稍爲極端一點，那末就大家所看得見的來說，人類對於某一種行爲，在古代是特別注重的；但是經過了若干年，因社會發生變化，這種行爲已不適於羣居生活，大家也就不知不覺，把他看得毫無價值了。莊子曾經說過：『此一是非，彼一是非。』又說：『與其譽堯而非桀也，不如兩忘之而化其道。』就是指道德標準不定而言，實在是含有一部分的真理在內。這種例子很多，我也不必詳舉。

我們再就古人造字對於字的原義上說一說，『善』字本訓作『美，』既美就要好，這是說某行爲令人滿意，大家皆愛好他，所以稱做『善』。『惡』是形容詞，動詞仍作『惡』（讀去聲作動詞）僅僅用言語學上的音變原理，把他讀作『烏』字的聲音，『惡』就是不好不愛，這是說某行爲，不能令人滿意，大家皆不歡喜他，實在講起來，對於行爲的價值，定出批評的標準，說某是善某是惡，和我們對於批評物體，說他長短輕重冷熱，是一個樣子，蓋皆是從比較而來，並非一成不變。如以一尺比五寸，自然是一尺爲長，五寸爲短；若以一丈比一尺，則一尺又覺得很短了。你說涼水是冷的，如若比起『冰其林』他不又是成爲熱了麼？批評善惡，也是如此，本來是同發於一個源頭，同進行於一條路線，我們對於某一段某一節，說這是善的，不是惡的，若過了這一段一節或不及這一段一節，我們就說他不是善的，是惡的。那末這一個標準點，還不是由我們人的意識把他認定的麼？取一丈長的線，我們在三尺五寸上，定一點做標準，是可以的，有時改在四尺二寸上定一點做標準，也未嘗不可以。不過這一點標準的認定，卻也是很不容易的事，必定由少數哲人，提倡於先，還有大多數普通人，承認於後，必定在那一個時代，在那一個社會，真真能適合他那標準，纔能成立，這也就是章學誠所謂『聖人學於衆人』的話了。聖人立出道德行爲的標準，還能不根據於大多數人的心理麼？在那一個時代，那一個社會，認爲這種標準是適宜，但是變了時代，換了地方，標準點又不能不加變動，所以纔有改革的事業出來，無改革則無人類進化，無進化，則世界無文明。古人所說『聖之時，』可見聖人也不能不因時改變的。

可是，道德有可變的要素，也有不可變的要素，杜威（Dewey）說：

道德不變的要素有三：（一）是生長或發展的責任。因爲我們無論在何種社會，生長的責任，都應該有的。我們不管道德是舊是新，總要看他能不能幫助發展和生長。（二）是公益的尊崇。世界道德的規律，無論古今文野，都有一個不變的地方，就是尊崇公益。實行道德，條理萬端，各各不同，但目的總是在謀大多數的最大幸福。（三）道德的重視。無論何種社會，皆有重視品行的觀念，都應該看道德爲重大的事。道德問題爲社會緊要問題，還要找出原理做社會指南。（論理講演紀略）

這樣說法，我們自然是承認的。

至於論到人性的善惡，有的說生來就是善，有的說生來就是惡，那末，道德的本身，且無一定標準，則人性善惡，更從何處標定呢？如就『愛』『惡』上講，可算是人性中最重要的部分了，你能一定說他就是善嗎？或一定說他就是惡嗎？由愛的根本發出來的是『仁』，我們姑且承認說不錯，『仁者愛人』，卻是善的；然而善也有若干種哩，墨子兼愛，豈不是最普最大的仁德嗎？乃孟子認他是『無父』，無父豈不是罪大惡極的人麼？愛國家和愛世界的人類，比較起來，是不是有輕重呢？姑息之愛與婦人女子之仁，照有理智人看起來，能不能算是善呢？我以爲與其說是性善或性惡，還不如說是『性無善無惡』『性可以善可以惡』倒覺得穩妥得多哩！

〔附註〕照章太炎先生說；人類根性中有『我愛』和『我憎』兩種表見，愛皆趨於自私，憎皆趨於排人。我們對於這兩種根性，可以說他是可善可惡的東西，總看他用起來是怎樣，不愛自己，一身不能生存，不排他人，一身不能自立，就根本上說，何能認爲是惡呢？然而愛己太過，則爲自私，自私則無以處羣，自節其欲，則爲克己，克己則爲君子之自修。所以同一愛憎，愛固不能說是善，憎也不能說是惡。若照自然科學的原理講起來，愛在人性，就是吸力引力——近心力，憎在人性，就是拒力排力，——遠心力，這兩樣，本是同時存在，不能相離，正如章先生所說『東蘆』之喻了。大致愛力總是要傾向愛己的，憎力總是要傾向憎人的，果能擴張愛己之心以愛一羣，能縮小憎人之心以憎一己，而道德之名，就可以由是成立。可見道德善惡之稱，皆是後起，皆是因人有羣而後起，章學誠所謂『三人居室而道形』（見文史通義原道），三人是指羣的最小一級，蓋必有羣而後道德始立，善惡始分。若就人之本性以言，又將從何處分別他的善惡呢？

實在講起來，由性發出的動作，本是一個『中性』的東西。比如拿一張白紙來繪畫，畫的好壞，是後來的事，你能硬說這張紙，就是好畫，就不是壞畫嗎？可是，性的善惡也不是純粹沒有的，我們應該就性的質地上看，現在也可拿畫紙來作比，如其是一張極惡劣的紙，就是後天得了良畫工畫起來，美的價值也要減少若干。若是一張極好的紙，再得良畫工，施以丹青妙技，那自然就更好了。所以畫的好壞，我們不能就紙上判斷，而作畫的紙質如何，我們卻可就紙上判斷。人性也和畫紙一樣，他的本來質地，是可以從種種方面看出來的。我們要知道，性這樣東西總是附着於肉體的，離了物質方面的生理，那裏還有性的作用呢？既然附着於生理，質地如何，自然也就有了區別了。就一般通性說，人總是有五官，有感情，有欲望，有思考和言語的本能，將來總能造成最複雜的理智作用。但是，就個性說，就不能一樣了。體格是有强有弱，甚且有的是健全，有的是病廢，資質有的是聰明，有的是魯鈍。感情和欲望有的是强烈，有的是冷淡。再詳細分析一下，同一才質學習起來，有的是宜於美術，有的是宜於數理。同一情感，有的是易於憤怒，有的是易於憂鬱。同一欲望，有的是色欲易發達，有的是權欲易發達。其所以不同的原因，皆是受先天的限制。而先天限制的原因又有兩種：

(1)是『遺傳』。身體健全，天才卓犖，學問高深，理智充足的父母，生下子女，當然是强健聰明的多。否則父母愚蠢無知識，甚且有煙酒最深的嗜好，或遺傳病，生下子女，一定强健聰明的少。

(2)是『環境』。生於熱帶的人，一定是生長快，色欲發達的早。生於寒帶的人，一定是堅忍厚重，成熟的遲。爾雅釋地說：

> 太平之人仁，丹穴之人智，大索之人信，空同之人勇。

魯語說：

> 沃地之人不材，瘠土之人尙義。

說的固然很粗疏，但大意是不錯的。

如此說來，我們專就性的質地上看，專就附着於生理上看，的確性是可分別出善惡的。既然分別出善惡，我們對於性，應該怎樣處理，才可以達到改進的目的呢？於此復可以分做兩層說：

(1)後天的改進：後天的改進，純賴『教育』。教育家是把性認作設施教育時的惟一對象，是養成好人的惟一原料。比如木工製造木器，先要看一看木料如何，好木料應該怎樣做，壞木料應該怎樣做，好材料不要把他蹧踏了，壞材料要想加上人工補助，使他成器以後，把壞的程度減輕。所以良工的價值，第一，就是在辨別材料的好壞，第二，就是在對於好壞的材料，皆能施以適當的製造法。好的教育家也是這個樣子，既要設法對於被教育者施以適當的教育，自然不能不先看性的質地是怎樣。看明質地的好壞，才可以着手教育。教育固然是性附於肉體，有了肉體以後，與生俱來的本性，早已鑄成，不易改變。然而教育的方法，就可能的範圍以內，對於施教育的材料——性，仍可以設法來開發，設法來約束，設法來裁制。說起方法，大致不外三種：

(a)發展好的一部分。如對於能看能聽的本能，社會的本能，皆要盡量使他發展，是卽所謂『盡性』。如萬一不幸視的聽的能力，先天不備具，如盲者不能視，啞者不能言，還要創設盲啞教育，以補先天的缺陷。

(b)淘汰不好的一部分。如對於自私的本能，(卽物欲強盛)宜加遏抑。

(c)更換方向的一部分。如兒童活潑好動，是其天性，應該設法導以合理的游戲。使趨向好的方面去。不要聽他胡亂的活動，向不好的方面去。

教育惟一的主旨，在於養成極豐富的理智，並利用理智以養成實踐合於時代合於環境道德的能力。因爲有了理智以指揮行爲，則不致盲從，不致守舊，不至固執，便可由個人擇定極適當的行爲標準。有了實踐道德的能力，便可以促社會文化的進步。

我於此可以再引杜威(Dewey)的一段話，以見教育和人性的關係。他說：

　　本能不過是一種教育的原料，本無所謂善惡，只看你怎樣用他。不過有些本能更容易陶鑄成良德，有些更難罷了。譬如『愛情，』『同情』比『畏懼，』『惱怒』等，實在更容易利導成善的。但看我們怎樣用他。譬如『怒，』普通人講的，是應該懲忿，但是，怒也可以養成堂堂正氣，和健全人格。一個人要是沒有義理之怒，斷不能大有作爲，和惡魔作戰。所以像這種本能要是利用到好的地方便是善。同情這樣

本能，初看好像是好的，但是，用到壞的地方去，便成愚蠢呆板，阿其所好，煦煦之仁了。（倫理講演紀略）

杜威還有一段話，也足以幫助我們性善性惡問題的解決，我可以順帶引在下面。他說：

在西方對於本能觀念，也有二種：（一）性善派。他們說，人生本來是善，以後受了物界的影響，就變壞了。盧騷也曾說過這種話。我說這都是厭世派的論調，我們不可輕信。要是生物進化公例可信，要是人類是從獸類遞演出來的，那末，人類和獸類總還有點相同的地方；獸類本性，總有一部分未經天然淘汰而遺傳到人類的。譬如『怒』本是獸的本能，對於他們很有用處，遇着仇敵或阻礙，沒有怒，不能鼓舞勇氣，將敵人阻礙或戰勝。但是，對於兒童就不然了，要是常常生氣，不但有失體面，又空耗精力，毫無結果，而且有礙衞生。這樣看來，本能是遺傳下來的，不經陶鎔，便是惡了。但是性善一說，也有幾分真理在內。何以故呢？要是人性澈底的惡，任憑有如何良善的環境，也不會受影響，必定先有可善的因，纔有感化遷善的果。

(二)性惡派。他們講性是惡的，要是善哩，那就不容教育訓練了。因爲要教育訓練，所以性不是善。我們平心而論，兩說皆有毛病。前說毛病在使人過於自信，不注意於克己自治，和督教兒童。因爲他們想本能既然是善，就用不着克己工夫，對於兒童也只要一意順從罷了。所以要食就食，要玩就玩，養成自私自利，縱慾肆志的習慣，眞所謂『賊夫人之子』矣。性惡一說，也有所蔽。他們旣信他是惡，所以用獅子搏虎的法子，將種種本能，欲念，衝動，意志都寂滅得乾乾淨淨，使道德完全成消極的，不是積極的。歐洲古代隱士，逃到深山或沙漠裏，念咒打坐，也是要寂滅種種意念，做一個形如槁木心如死灰的人。我知道主性惡的流弊，都未必到這種田地，但是，他們所謂道德，大概都尙束縛本能，貶損意志，節制喜怒哀樂之情，不准他們妄發。現在世界最可痛的，是什麼？就是這種非積極而消極的道義德行。所以今日所謂良民，就是庸言庸行的鄉愿，不是有那創造能力，積極精神，轟轟烈烈去改造世界的人物，這不是很可痛恨的事嗎？依我看來，以束縛爲德行正軌，頂好也不過養成一種柔怯的德性。(同上)

（2）先天的改進教育方法只能就已成的性，用力去變化，究竟效能很小。最近還有一種根本改良的方法，由先天著手，在未經有身以前，就要得着許多好的善的健的人性。這是什麼方法呢？就是『淑種學』（Eugenics）所講的方法。這種方法，是純粹由生理學進化論方面及遺傳學方面研究成功的。設出種種條例，什麼樣配偶，就是生出性質優秀的子女，什麼樣配偶就要生出惡劣的子女，愈研究愈精密，社會方面，既特別加以提倡，爲一般人作指導；政治方面，又復訂爲法令，取締不適宜的配偶，以免劣性種子的遺傳。（現在歐美各國中，已有實行的）如此下去，則民族的本性，自能一天高尚一天，本性既日見改進，則教育自易爲功；因此人類的能力，自然也就日形增長了。然而反觀我們的國家我們的民族，又是什麼樣子呢？言之固屬可愧，聽之又豈能自安？我極希望我們智識界，快快結合起來，把『性』的問題，作一番徹底的研究，以期於種族改良，有所裨益。不才如小子，也很願隨諸君子後，略盡奔走之勞。就是我寫這一篇研究錄的微意，也是在這一點。